都市計画家《アーバンプランナー》 徳川家康

谷口 榮

MdN新書
021

はじめに

江戸に関する本は、専門の研究書から一般教養的な類《たぐ》いまで、膨大な数が刊行されている。そのような状況の中で本書の特徴を記すと、まず徳川家康が本拠とした江戸という土地に注目する。

江戸という土地の成り立ちをきちんと踏まえ、家康が入部してからの江戸だけではなく、それ以前の歴史とともに地形や地理に注目することで、江戸という土地の歴史的特性を探ってみたい。

本書は、新書版なので紙面的余裕がなく、「東京低地」の古代・中世については詳述できないが、奈良・平安時代には東京の下町を横断するように墨田《すみだ》区隅田《すみだ》から葛飾《かつしか》区を通り、江戸川区小岩《こいわ》まで奈良の都と陸奥《むつ》とを結ぶ古代東海道が通っていたことはあまり知られていない。日本橋を起点とする東海道が整備されるよりも遙《はる》か前、古代の東海道が東京下町を東西に貫いていたのだ。けっして東京下町は未開ではなく、湿地に覆われた人の住みにくい土地とひとくくりにはできないのである。

本書では、家康の江戸入部以前の中世の江戸に注目するが、具体的には、東京低地や江戸前島《まえじま》・日比谷《ひびや》入江の形成過程を概観し、江戸やその周辺がどのような地形・地質なのかを押さえた上で、江戸やその周辺で営まれた開発の様子を読み取っていきたい。

この地形という視点で江戸のことを書いた本として、竹村公太郎氏の『日本史の謎は「地形」で解ける』（PHP研究所）がある。歴史的な出来事を紙に記された文字だけで理解するのではなく、地形を舞台に再検討しようという意欲作である。

ただ残念なのは、地形を重要視するのはよいのだが、「江戸は手に負えないほど劣悪で、希望のない土地だった」「江戸に入った時、彼らが目にしたものは、何も育たない湿地帯が延々と続き、崩《くず》れかけた江戸城郭だけがぽつんとある風景だった」とまで断定的に見立てて、歴史的なことをあまり考慮せずに筆を進めている点である。

家康は、本当に希望の持てない江戸を本拠として、関東を統治しようとしたのであろうか。

たとえば、竹村氏は「江戸湾の奥に位置する武蔵野台地の東端の江戸は、北関東の陸路ルートから外《はず》れ、太平洋の海路ルートからも外れていた」ことが、江戸が寒村だった理由であるとする。戦国期の北条《ほうじょう》氏が拠《よ》った江戸城のある江戸について、本当にそのような評価を下してよいのだろうか。本文で記すが、家康の江戸入部以前から江戸は、関東の物流の拠点として機能していたし、寒村ではなかった。

また、利根川《とねがわ》東遷事業を、何百年先の未来の国土を見通して決断した事業ととらえ、家康を「日本史上、最大の国土プランナー」と評している。そもそも江戸城や江戸城下、そして関東の治水事業は、家康一代ですべて完結したのではない。家康の後継者である二代将軍秀忠《ひでただ》が継承し、三代将軍家光《いえみつ》の代で一応の完成をみたもので、寛永《かんえい》期の江戸城と城下の姿をすべて家康が描いた都市計画だったととらえてよいのであろうか。まして近代以降の日本の行く末まで見通して江戸を開発したわけではないだろう。

この点では、平成二十八年（二〇一六）に出版され話題となった門井慶喜氏の『家康、江戸を建てる』（祥伝社）は、竹村氏の路線を引き継いだ歴史小説と言えるかもしれない。

家康は努力家で野心家でもあり、先見の明があったと私も思うが、「アーバンプランナー＝都市計画家」としての家康が直接指示した事業、もしくは家康の時期に行なわれた事業と、その後の秀忠・家光へと引き継がれる事業がある。

本書では、江戸城と城下および関東の河川《かせん》改修事業の変遷について確認した上で、アーバンプランナーとしての家康の姿を浮かび上がらせてみたい。その試みとして、第一章は第二章からの本題に向けての舞台設定という構成で望んでいる。第一章では、江戸・東京の地形基盤について紹介し、あわせて江戸前島をめぐる諸問題について、どのような先行研究が行なわれていたかを紹介する。

第二章では、江戸築城と小田原《おだわら》北条氏時代の江戸城の縄張りについて述べ、天正《てんしょう》十八年（一五九〇）の家康が江戸へ入部してからの城造りを解説する。豊臣政権の大名の居城から武家の棟梁《とうりょう》「征夷大将軍」の居城となる天下普請《てんかぶしん》後の城造りなど、家康・秀忠・家光の三代にわたって進められ完成した日本一の規模を誇る江戸城完成の過程を確認したい。また、外国人が著《あらわ》した見聞録や「江戸図屏風」から、慶長《けいちょう》期や寛永期の完成した江戸の町を観察し、その江戸の町が灰燼《かいじん》に帰してしまう明暦《めいれき》の大火と、その後の復興の様子を隅田川東岸地域を例に紹介したいと思う。

第三章では、「江戸」の地名と中世の江戸湊《えどみなと》について概観した上で、発掘調査の成果も確認しながら江戸の城下である江戸湊のある江戸町と江戸前島がどのように開発されていくのか、街道の基点となる日本橋の架橋や、江戸城の東を流れていた平川《ひらかわ》の付け替え（流路変更）を、日比谷入江の埋め立てとともに整理したい。特に、この章では平川の付け替えの時期について、従前の説の誤りを指摘し、家康以前・以後の江戸繁栄の基盤を成す舟運や湊の新しい歴史風景を提示したいと思っている。

第四章では、いわゆる利根川の東遷事業を再点検する。また、江戸川の改修、小名木川《おなぎがわ》や新川《しんかわ》の整備、これまで注目されてこなかった隅田川の付け替えなども取り上げ、都市伝説的になっている様々な解釈について再検討してみたい。

本書によく登場する菊池山哉《きくちさんさい》氏と鈴木理生《すずきまさお》氏は、江戸・東京の人文地理的な研究の先学として知られている研究者である。菊池氏は、『沈み行く東京』『五百年前の東京』などを著している。鈴木氏は、江戸の城や城下の開発、河川などの研究を牽引《けんいん》してきた研究者である。

お二人の研究に学びつつ、無批判に鵜呑《うの》みにするのではなく、検討を加え私見を述べながら近世初期の江戸の様子を探ってみたい。また、地形・地質的な事項については、松田《まつだ》磐余《いわれ》氏と芳賀ひらく氏のお仕事を参考にさせていただいている。

江戸という地域の開発を、家康のみにスポットを当てて賛美してしまう風潮は、家康のような偉人が出現しないと、東京の町づくりはできないという他力本願的な風潮を助長するのではないかと心配している。家康の江戸入部以降、その変遷過程をきちんと押さえることで、未来の東京の町づくりを考える基礎的な環境を整えることに繋《つな》がるものと思う。そのためにも江戸や東京の下町という土地のポテンシャルを掘り起こし、アーバンプランナーとしての家康の実像に、本書は迫りたいと思っている。

都市計画家《アーバンプランナー》　徳川家康——目次

第四章　利根川東遷事業と江戸の河川改修

図版製作：株式会社ウエイド
本文校正：石井三夫

第一章

「江戸・東京の下町」の地形基盤

〈一〉東京低地の形成

東京の下町と東京低地

東京の地形を大きく見れば、東部に低地帯、中央部に武蔵野《むさしの》台地、西部は関東山地に連なり、東から西に向かって標高が上がっていく。さらに東京都の東南部は東京湾に面し、その遠く南方の洋上には伊豆《いず》諸島や小笠原諸島などの島嶼《とうしょ》地域が展開する。

東京都の東部の低地と台地の境は、およそJR京浜東北線のラインを目安とすればわかりやすい。赤羽《あかばね》駅から上野駅、東京駅から大森駅の西方に武蔵野台地の崖線《がいせん》が連なり、皇居から品川駅辺りまでの台地は山の手台地とも呼ばれ、一般的に「山の手」と称される地域である。

一方、JR京浜東北線の赤羽駅から上野駅を経《へ》て神田駅、さらに東京駅辺りまでのラインよりも東方に広がる低地帯を「東京低地」と呼んでいる（図1）。東京低地には、徳川家康が江戸に入部した頃は、隅田川《すみだがわ》や太日川《ふとひがわ》（現在の江戸川《えどがわ》筋）、利根川《とねがわ》も本流が流れ込んで

図1　東京低地

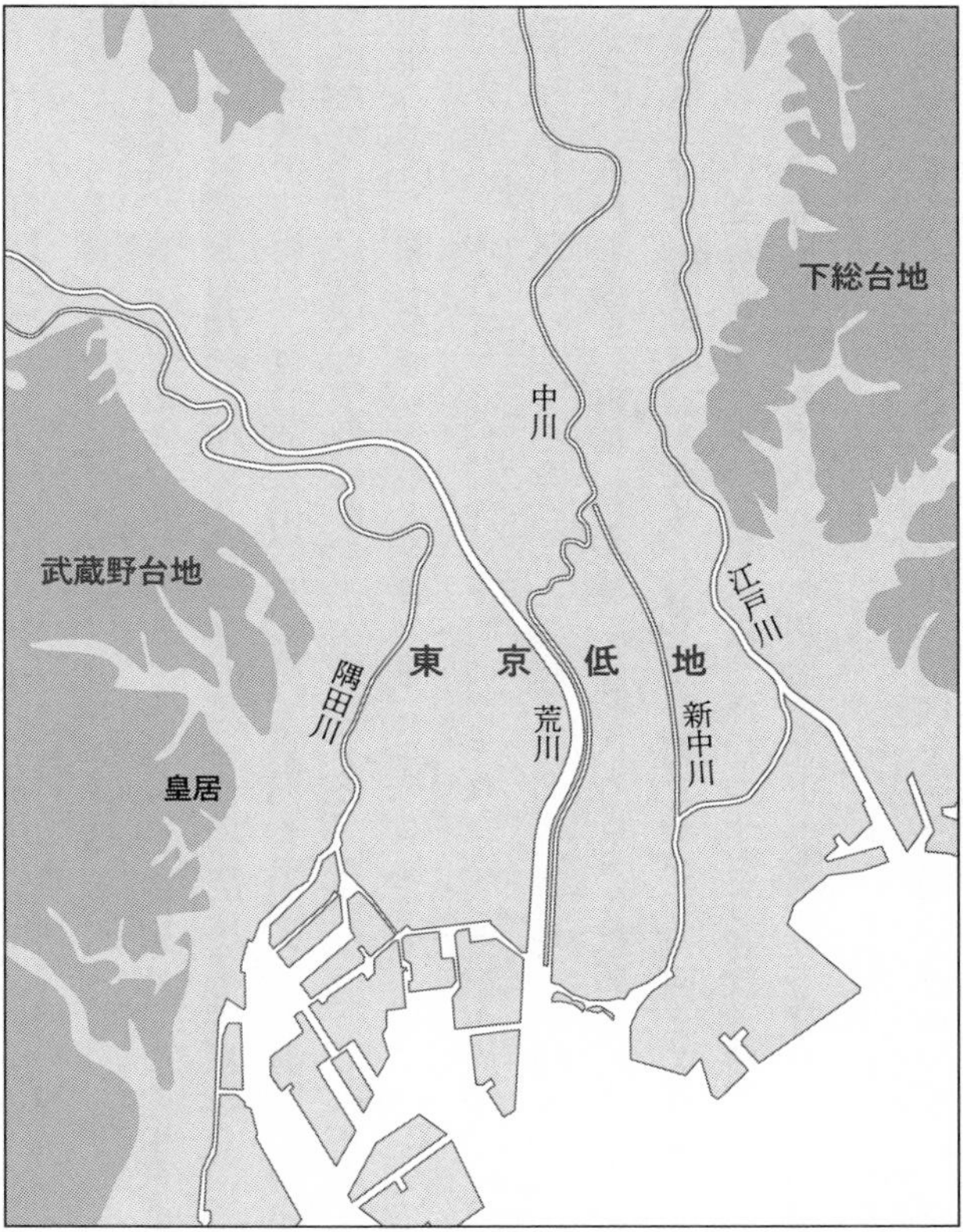

いた。今でも東京低地には、隅田川、中川《なかがわ》、江戸川、荒川《あらかわ》（放水路）、新中川（放水路）が東京湾に注ぐ全国的にも屈指の河川集中地帯である。

現在、巷間《こうかん》でよく使われる「東京下町」と呼ばれる地域は、この東京低地とほぼ同じ範囲であり、武蔵野台地の「山の手」に対して「川の手」とも呼ばれる。

江戸時代の下町は、はじめ神田、日本橋、京橋を中心とした隅田川西岸地域の一部を指していたが、江戸時代も後半になると次第に下谷《したや》、浅草も下町に組み込まれ、さらに隅田川東岸の本所《ほんじょ》、深川《ふかがわ》までも含めた地域を呼ぶようになった。近代になって隅田川以東の市街地化が進み、現在では江戸時代に下町に含まれなかった都市周辺部の東郊農村地域だった葛飾《かつしか》・江戸川区や、足立《あだち》区を含めた地域も下町として呼んでいる。

つまり、江戸と東京の町場《まちば》（市街地）は時代とともに拡張し、下町という範囲が広がっていくのである。下町と言っても、江戸の下町と東京の下町とでは範囲が異なることを知っておいていただきたい。細かく言えば、江戸の下町も時代・時期によってその範囲を異にしており、東京の下町も同じように明治・大正・昭和と下町の範囲が東へ東へと延びていくのである。

しかし、本によってはどこかの時代・時期を切り取って下町をイメージ化しており、下町の範囲が時代とともに変化しているという基本的な点が、なぜか理解されていない。隅田川東岸地域を指して「川向こうは下町じゃない」と言い張る人は、そもそもいつの時代のことを指して言っているのであろうか。隅田川の流れが変わっていることも知らないのであろう。

地球規模の環境変化

東京下町は、よく昔は海だったといわれるが、それはかつて地球規模で起こった温暖化による現象であることは、あまり知られていない。

地球温暖化による海水面の上昇が危惧《きぐ》されている昨今であるが、歴史的に遡《さかのぼ》れば地球は寒冷期と温暖期が交互に訪れ、人類は寒暖の環境変化に対応しながら文化を育《はぐく》み生活を営んできた。

旧石器時代は寒冷期にあたり、今から二万年ほど前には海水面は現在よりも一〇〇メートルほど下がっていた。したがって陸域が今よりも広く、大陸は一部海によって隔《へだ》てられていたとしても、巨視的には大陸の東端に連なる極東地域であった。

今から一万五千年ほど前から地球の環境が温暖期へと移り、旧石器時代から縄文《じょうもん》時代になると、「縄文海進《じょうもんかいしん》」と呼ばれる海水面の上昇現象が起こる。今から七千年前頃の縄文時代前期には縄文海進はピークを迎え、東京の下町地域は海底に没し、武蔵野台地と下総《しもうさ》台地（千葉県北部に広がる台地）の間は大海原《おおうなばら》となってしまった（図2）。

しかし、それも気候が安定してくると、海水面の上昇は止まり、上流部から土砂《どしゃ》が運ばれて、三角州が発達をする沖積化《ちゅうせきか》が進み、次第に陸域を広め、海岸線を後退させていく。弥生《やよい》時代末から古墳時代前期（三世紀後半から四世紀頃）には、台東《たいとう》・荒川・足立・葛飾・江戸川区域でも当該期の遺跡が確認されていることから、東京の下町地域の広い範囲で陸化が進んだことがわかる。奈良・平安時代を経て中世前半には、微高地《びこうち》（周囲よりわずかに高い土地）が発達して基本的に現在のような陸域が形成されるようになった。近世以降は、大都市江戸とのかかわりのなかで人為的《じんいてき》に埋め立てられ、海岸線は次第に南へと移行する。その大都市の営《いとな》みと海岸線との関係は、現代になっても変わることがなく継続している。

陸化と微高地

武蔵野台地と下総台地の間に広がる大海原は、縄文時代前期を過ぎると、先に記したよ

図2　「縄文海進」時の想定海岸線

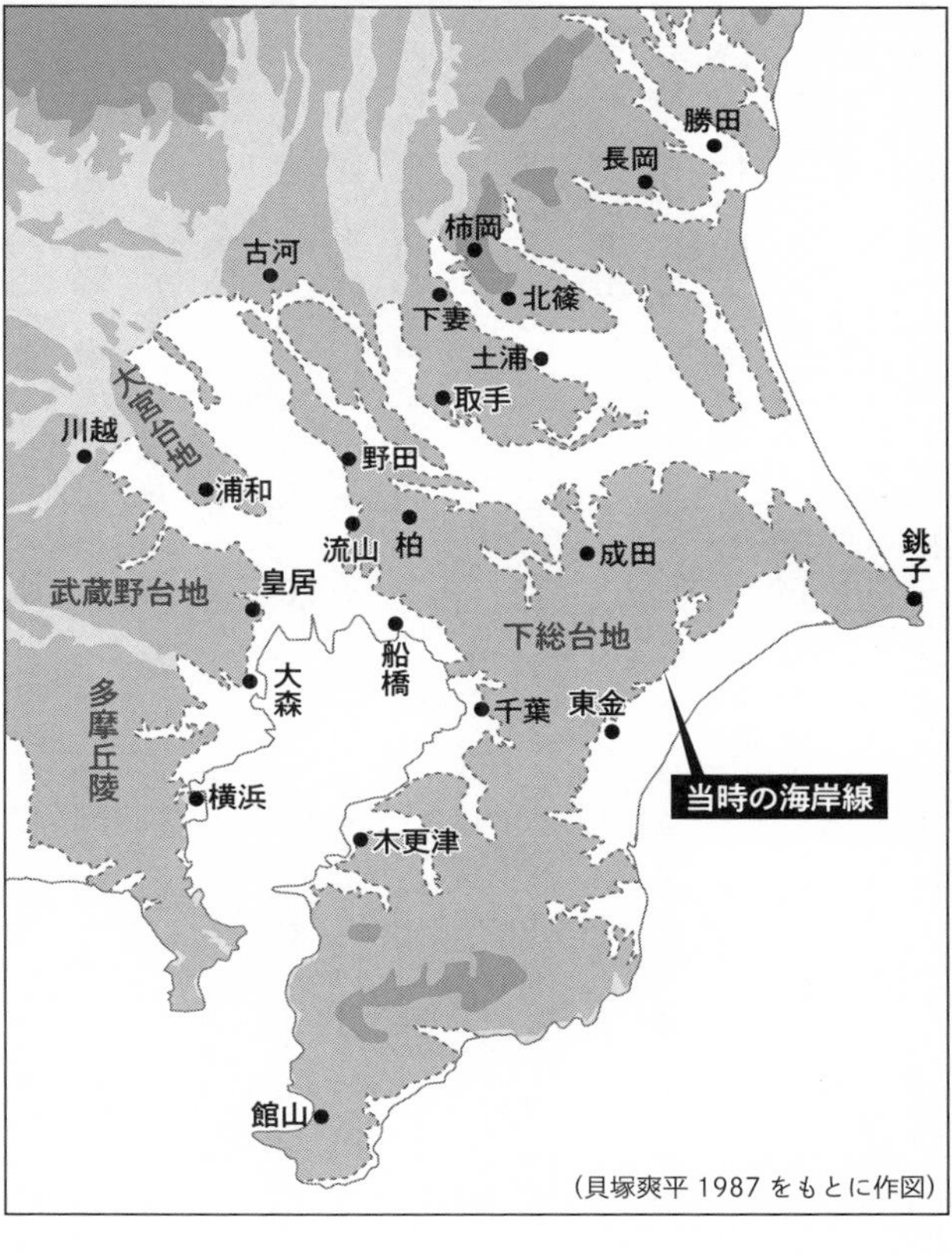

（貝塚爽平 1987 をもとに作図）

うに上流部から河川によって土砂が運ばれ、沖積化が促されて次第に陸域を形成していった。縄文の海進以降、海岸線が後退し、徐々に陸域を広げていった東京低地であるが、おもに上流部から土砂を供給し陸化を促したのは、利根川と荒川という二大河川の影響が大きいといわれている。

武蔵野台地直下の北区中里《なかざと》貝塚では、縄文時代中期の中頃になると、海岸線に沿ってカキ主体の貝塚の形成がはじまっていることが発掘調査でわかっている。今のところ、隅田川以西の中里貝塚など東京低地西部では、縄文時代中期に海進が止まり、上流部からの土砂の堆積なども加わり陸化が促されて海岸線が後退し、新たに陸域が広がって、生業活動の場として取り込まれていく様子が確認されているが、低地に集落を営むことはせずに台地上を居住空間としていた。

縄文時代後期には、東京低地西部だけでなく、東京低地北部（足立区域）で縄文時代後期以降の遺物の出土が認められており、後期以降に陸化して活動領域として組み込まれていくことがうかがえる。しかし、遺物のみの出土で、遺構の確認はされていない。中里貝塚に比べると、その活動のあり方は希薄といえる。

東京低地東部で人間活動が活発になるのは、弥生時代末から古墳時代前期にかけてである。葛飾区御殿山《ごてんやま》遺跡や江戸川区上小岩《かみこいわ》遺跡では、当該期の資料が発見されている。

弥生時代末から古墳時代前期の遺跡の立地をみると、微高地に占地している。微高地は上流からの土砂が堆積《たいせき》して自然堤防や砂州《さす》となったもので（図3）、そこに古代から人々は集落を営み、おもに居住空間として、また一部は畠地として利用してきた。

自然堤防は、河川に沿って形成されており、中川、江戸川、古隅田川、毛長川《けながかわ》（足立区北部）沿いに認められる。

砂州は、高台の周辺部や海岸線などにみられる。代表的なものとして、北区赤羽から台東区上野までの砂州や、第三章で取り上げる江戸前島などがある。そのほか、江戸川河口の市川・浦安《うらやす》市や隅田川東岸の江東区亀戸《かめいど》は、河川に沿って砂州の形成がみられる。

上野の砂州は北東の荒川区三ノ輪《みのわ》方面にも発達し、古隅田川沿いの自然堤防と連なるように微高地が形成されている。この連続した微高地のラインは、縄文海進後の沖積化に伴う旧海岸線とみられる。おそらく縄文時代晩期から弥生時代前半に形成された砂州であろう。古隅田川沿いの微高地は、はじめに海岸線に沿って砂州ができ、その後、上流部から運ばれてきた土砂が堆積して砂州の上に自然堤防が発達したものと考えらる。毛長川沿いの微高地も古隅田川辺りの微高地の形成過程と同じとみられる。

いま少し隅田川沿いの微高地の様子をみると、両岸に自然堤防と思われる微高地がつくられているが、西岸の台東区浅草から鳥越《とりごえ》にかけての微高地は、ボーリング調査などで基盤となる浅草台地と土地表面の間に砂礫《されき》層の堆積が認められる。この砂礫層は、台地が浸食を受けて発生したと考えられる土壌で、古隅田川や毛長川沿いの微高地の構造と同じように、基盤に旧海岸線沿いに発達した砂州が堆積している。

つまり、隅田川両岸の微高地は上層に自然堤防があるが、西岸にはその下に砂州が認められることから、縄文海進後に隅田川の西岸に海岸線が位置し、東岸が海原となった時代があり、その後、隅田川の上流部から土砂が運ばれ、両岸に自然堤防が発達するような環境となったことを教えてくれる。

また、上野の不忍《しのばずのいけ》池は古石《こしやくじ》神井川《いがわ》河口に形成された溺《おぼ》れ谷《だに》（谷であった部分が水面に沈んだ地形）の名残《なごり》で、砂州の発達によって閉塞《へいそく》されて湿地化したとよく説明される。しかし、不忍池は、三代将軍家光によって江戸の鬼門《きもん》を守護し、京都の北東にあたる鬼門を守護する比叡山延暦《ひえいざんえんりやくじ》寺になぞらえて上野の山に建立《こんりゆう》された寛永寺《かんえいじ》の伽藍《がらん》とともに、琵琶湖《びわこ》にたとえて整備されたものである。池状の水域はあったかもしれないが、入江の名残ととらえるよりは、寛永寺とともに人為的に整備され、近世から出現した水辺景観と考える方が

図3　東京低地の地形分類

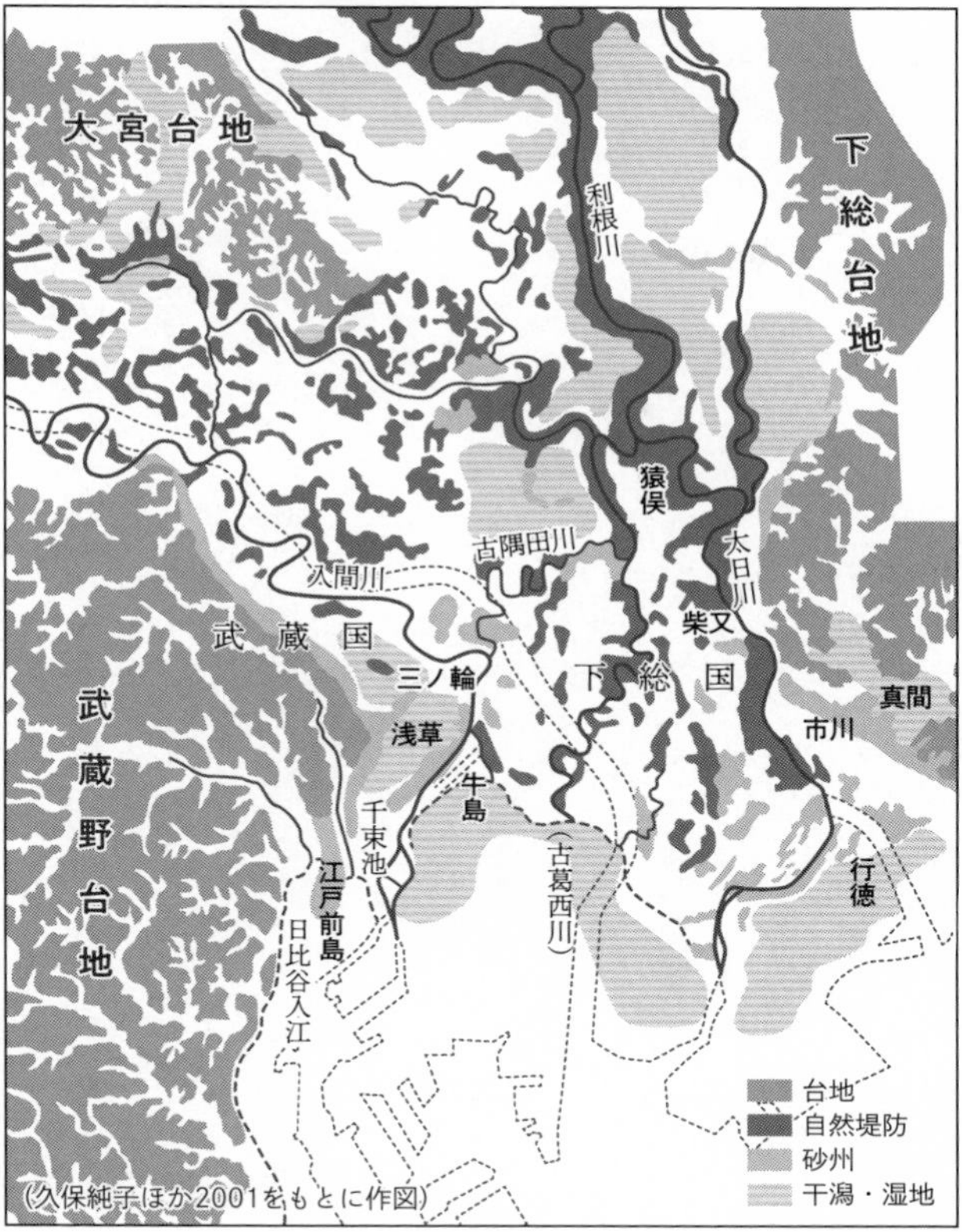

自然だ。

一方、日比谷入江は溺れ谷であったが、閉塞されずに中世まで入江として残ったもので、中世に存在した水辺景観である。

〈二〉江戸前島をめぐる原風景

江戸前島の原地形

ここでは東京低地の中でも江戸周辺にスポット絞《しぼ》って、地形・地質について確認しておきたい。東京周辺の地形や地質的な研究成果を紹介した嚆矢《こうし》は、地形学の碩学《せきがく》・貝塚爽平《かいづかそうへい》氏である。貝塚氏は、名著『東京の自然史』で、世界的な環境変遷のなかでどのように東京の土地の形成されてきたのかを解き、そこに人間活動がいかにかかわってきたのかを述べている。高度経済成長期を迎えた東京で、その一大拠点である東京の低地部の地下の地形的特質を見事に表現してくれている。

東京低地の上部は軟らかい土砂からなる沖積層《ちゆうせきそう》と呼ばれる土壌で、その下には硬い洪積《こうせき》層《そう》が堆積している。沖積層は地形学的にいうと、縄文海進以降の堆積物であり、人類史的には新石器時代、日本史的には縄文時代以降となる。一方、洪積層は更新世《こうしんせい》と呼ばれる百七十万年前から一万年前まで氷河が発達した時代の堆積物である。

東京低地は、武蔵野台地と下総台地の近いところは浅く、中央に行くに従って深くなる谷地形をしていた（図4）。関東内陸部を流れてきた河川は、この谷地形に集まり、古東京川と呼ばれる一本の流れとなって浦賀《うらが》水道から先で海に注いでいる。

また、武蔵野台地と下総台地と古東京川との間には、沖積層に覆われて地下に埋没している台地や谷がある。

武蔵野台地の上野から品川辺りまでの東縁をみると、浅草から南東にかけて一〇メートルほどの浅い地下に台地があり、谷地形に区切られ、今度は駿河台《するがだい》の南端から日本橋、銀座へ延びる台地が同じく一〇メートルほどの浅い地下にある。前者を浅草台地、後者を日本橋台地と呼び、この二つの台地を隔てる谷地形は古石神井川によってできたものとされている。

日本橋台地の上部には、盛土や沖積層が一～五メートルほど堆積しているが、沖積層は主体が貝殻の破片を含んだ砂礫で、貝殻の堆積状況から波の強い海浜《かいひん》部の堆積物であることがわかる。この砂礫から形成されている砂州が「江戸前島」である。

この江戸前島の基盤となる日本橋台地西側の皇居との間、現在の神田《かんだ》神保町《じんぼうちょう》、丸の内、日比谷公園、新橋方面へ抜けるエリアは谷地形であり、丸の内谷と呼ばれ、日比谷公園で

図4　東京の埋没地形図

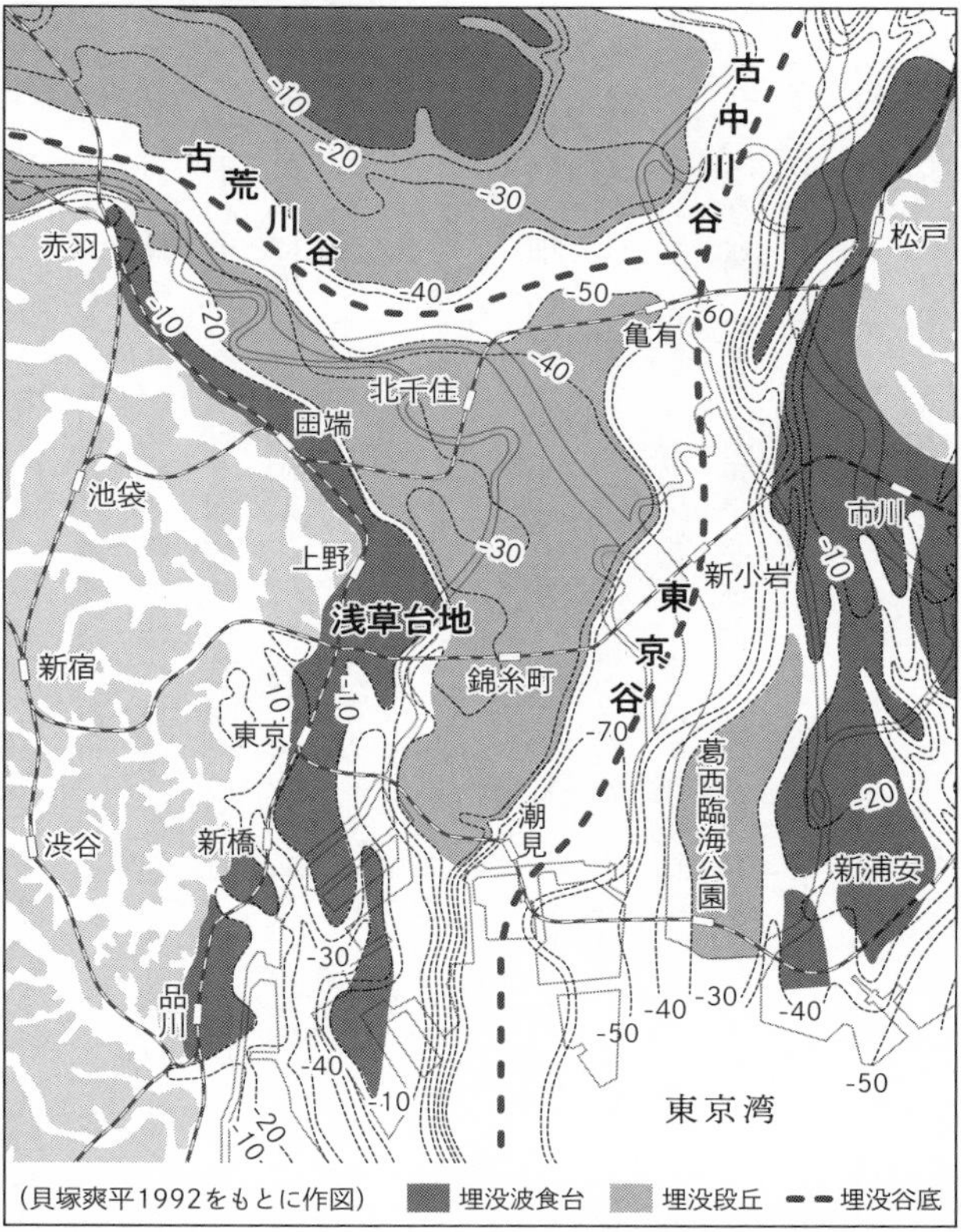

縄文海進によって海水面の上昇とともに、海岸線が関東の内陸部へ入り込んでいくが、その際に、台地上部を構成する関東ローム層などの軟質の土壌は、波によって海と接する縁部が浸食されて、台地の基盤となる硬質面が海中に残る。これが波食台と呼ばれるものである。縄文海進以後、上流部から土砂が堆積し、波食台は土砂に覆われて地中に埋もれてしまうが、それを埋没波食台と呼ぶ。本来は上位と下位の2つの埋没波食台があるが（貝塚1992）、本図では面的に一緒に表わしている。

は現代の地面からマイナス二〇メートルのところに谷底があり、江戸時代に埋め立てるまでは日比谷入江があったと貝塚氏は述べている。

つまり、貝塚氏は、江戸前島の原地形は日本橋台地であり、日比谷入江は丸の内谷であるという。旧石器時代から縄文海進に至る時代に形成された地形であり、縄文海進以降、日本橋台地の上に堆積した砂州が江戸前島の正体であり、日比谷入江は土砂の堆積が進むなかで、水深が浅くなりながらも江戸時代に埋め立てられるまで存続した水域であった。

日比谷入江と平川

次に、地形・地質的な研究ではなく、歴史分野における先行研究で江戸前島と日比谷入江のことをどのようにとらえ、説明されてきたのかを確認してみたい。

まず、はじめに紹介したいのは菊池山哉氏が作成した図である。この図では、江戸前島や日比谷入江をはじめ隅田川西岸地域を中心に景観の復元を行なっている。菊池氏は、隅田川西岸の低地部には、「浅草外島《としま》」と「江戸前島」の二つの島があったとする（図5）。

前者は、石浜《いしはま》、浅草、鳥越《とりごえ》に至る隅田川沿いの細長い島。後者は、日本橋川の南岸の日本橋、茅場《かやば》町《ちょう》、八日市、八代洲《やえす》河岸一帯とする。

図5　五百年以前江戸城下図

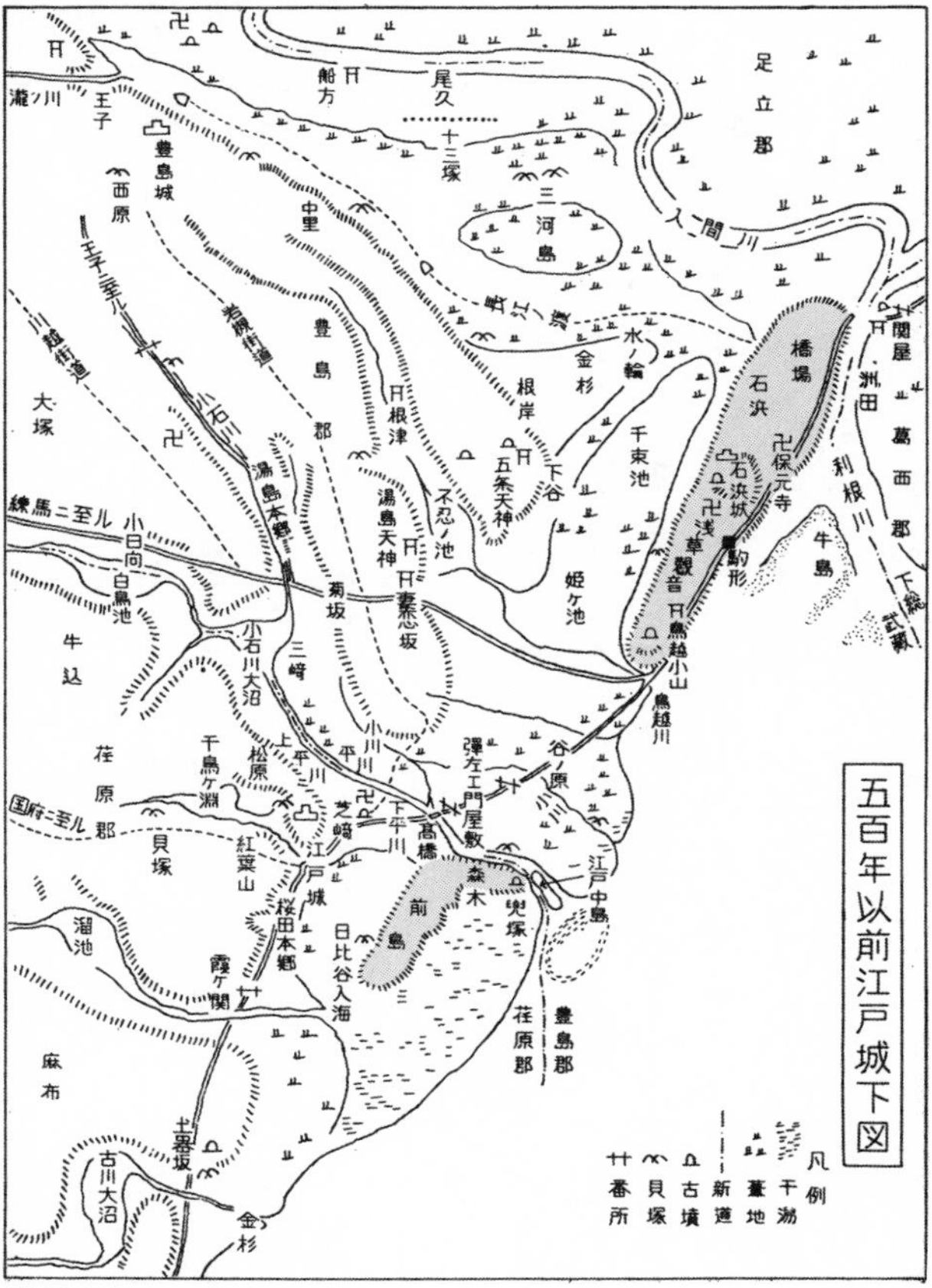

（菊池山哉1956より）

貝塚爽平氏の研究と照らし合わせると、「浅草外島」とされる地域の基盤をなす原地形は、現在、鳥越神社、浅草寺《せんそうじ》、待乳《まっち》山聖天《やましょうてん》、石浜神社などの古い寺社が点在するエリアで、浅草台地に該当《がいとう》する。

図には、「浅草外島」と「江戸前島」のほかに霞が関・江戸城・湯島天神・五条天神の所在する武蔵野台地と、そこに刻まれる谷地形、武蔵野台地の北東や東側には低地・水域が広がっている五百年以前の江戸城下の様子が描かれている。低地部には、入間川《いるまがわ》筋（現在の荒川・隅田川筋）が蛇行して流れ、関屋（足立区）で東側から落ちる利根川と合流し、牛島《うしじま》（墨田区）で二手に分かれて海へと注いでいるが、武蔵国と下総国の境を牛島の東の流れにしていることに注意したい。この点については第四章で触れることにする。

話を江戸前島と日比谷入江に戻すと、菊池氏は江戸前島について、「東の端の兜町《かぶとちょう》には源頼義《みなもとのよりよし》あるいは平将門《たいらのまさかど》の甲《かぶと》を納めたとする甲塚あり、ここから東は海である」とし、最初に小網《こあみ》中島（日本橋川河口の中州にあった小さな島／中央区小網町付近）、次に江戸中島（日本橋川河口にあった中州。のちに霊岸島《れいがんじま》と呼んだ／中央区）ができるが、それは平川《ひらかわ》の作用によるものであるという。平川は、外濠川《そとぼりがわ》（現在の呉服橋交差点付近で日本橋川から分かれ、千代田区と中央区の区境を南下し、ＪＲ新橋駅近くの銀座九丁目付近で汐留川《しおどめがわ》に合流していた流路）

現在の皇居前広場は日比谷入海だったとされる（環境省ホームページ www.env.go.jp）

から一石橋《いっこくばし》（東京メトロ半蔵門線の三越前駅入り口付近）で東をさして江戸橋あたりから海に注いでいたとしている。

日比谷入江については、菊池氏は入江と呼ばず「日比谷入海《いりうみ》」とする。日比谷の入海は、「慶長江戸図」にも描かれており、「江戸前島と西丸や霞ヶ関との間にあるもので、水深六十尺から百二十尺位まで、入口は土橋あたりにあるのであるが、新橋となると堅磐の底が高いので、大船の出入りは困難である」と述べている。

日比谷の入江の水深については地質調査を参考にしたようだが、入江の水深は浅く、大船の航行は不可能であると指摘する。要するに菊池氏は、家康が江戸に入部した頃の日比谷の入海は、入海としながらも外海とは通じていない沼地であったと考えており、図もそれを反映した表現となっている。

菊池氏の研究で重要なポイントは、この日比谷の入江と平川の関係であろう。図に示されたように、平川は江戸前島の基部を西から東に流れ海に注ぐ日本橋川の流路で、日比谷入江には注いでいなかったと述べている。

この江戸前島と日比谷入江の関係について、近年、日比谷公園で採取されたボーリングコアの珪藻《けいそう》分析（地層や堆積物がどのような環境で溜《た》まったものかを解析する調査）によって、環境の変遷と形成過程が明らかになっている。珪藻とは藻《も》の仲間であり、生息環境の塩分・pH・栄養塩・水深などによって種類が異なっており、かつ破損しにくく堆積物のなかで保存されやすいという特性から環境復元の指標として用いられることが多い。

分析を行なった地質学者の石川智氏らによると、丸の内谷には海水面の上昇によって縄文海進前から入江が存在し、その基底には武蔵野台地からの風化・浸食によって細かく砕けてできた岩石の破片（砕屑物《さいせつぶつ》）が堆積していた。約七千年前頃の縄文海進最盛期（海面が高い「高海水準期」）を迎えると、奥東京湾と日比谷入江に相当する入江を隔《へだ》てていた日本橋台地は打ち寄せる波によって削《けず》られ姿を消して、日比谷周辺は奥東京湾と連なる海原となる。

縄文海進後、上流部から運ばれた土砂が海中に堆積する沖積化が進み、浸食された日本橋台地の上には、砂州が発達し、江戸前島の基盤となる。

縄文海進最盛期以降、丸の内谷は約四千八百年前から徐々に浅海化して再び入江化し、河口付近の沿岸域のような環境を呈するようになり、これがのちに日比谷入江と呼ばれる入江となる。

この分析結果からも明らかなように、平川は日比谷入江に注いでおり、現在では、その流路を太田《おおた》道灌《どうかん》あるいは徳川家康が、日本橋川の流路を開削して付け替えられたとみられている。かかる問題は、いつ平川が付け替えられたのかという時期となる。こちらは第三章で詳述したい。

コラム1

家康が江戸に入ったのはいつ？

アーバンプランナー★徳川家康

豊臣秀吉による小田原攻めによって、天正《てんしょう》十八年（一五九〇）七月五日、戦国期関東に君臨した北条氏が滅亡する。家康は、北条氏亡き後の関東を拝領した。

家康の江戸入部は八月一日とされるが、この日は室町《むろまち》時代から武家社会で八朔《はっさく》の儀式を執《と》り行なう吉日であり、江戸入部の記念日としてその日を採用したともいわれている。実は、この八月一日より前の七月十五日もしくは十九日。奥州征伐へ向かう秀吉が上杉景勝《うえすぎかげかつ》や前田利家《まえだとしいえ》を率いて、江戸に到着していた。北条氏が滅亡した当時、家康は豊臣家の家臣であり、関白秀吉より江戸入りが遅れたとは、とても考えにくい。

さて、徳川家康が江戸に入ったことを、諸書では江戸幕府の存在を前提とした「入府」と書いていているものが多い。しかし、これはのちに幕府が創設されるという、その後の歴史を知っている者からの目線であって、正確ではない。

なぜならばくり返すが、家康が江戸に入った時点では、家康は五大老の筆頭という有力者といえども、あくまで秀吉の家臣であった。

したがって、家康はこの時点で、まだ征夷大将軍に任じられてはおらず、幕府を興《おこ》していないので、「入府」と記すのは誤りであり、適切ではない。

では、家康が江戸に入ったことを当時は何と呼んだのであろうか。実を言うと、力不足もあり、そのことを指す同時代の史料は探し出せなかった。ただし、天正十八年よりも後世（享保《きょうほう》十三年＝一七二八頃）になるが、兵法学者の大道寺《だいどうじ》友山《ゆうざん》重祐《しげひろ》が著した『落穂集追加』では、「関東御入国」もしくは「御入国」と記されている。

家康は豊臣家の一家臣にすぎなかった
（静岡市駿府城址に立つ家康像）

豊臣秀吉（『肖像』国立国会図書館蔵）

また、幕臣の木《き》村《むら》高《たか》敦《あつ》が著し、寛保《かんぽう》元年（一七四一）頃に八代将軍吉宗《よしむね》に献上されたという家康の伝記を編年体で記した『武徳編年集成』には、「八月大　朔日　神君武州豊島郡江戸城ニ遷《うつ》リ玉フ　俗間ニ江戸打入《うちいり》ト称ス」（巻之三十九）とある。江戸時代には、「入府」ではなく、「関東御入国」とか「江戸打入」と呼ばれていた。

本書では、家康の江戸入りは幕府政権下ではないので尊称を避けるとともに、赤穂《あこう》浪士の討ち入りと音が同じこともあり、幕府創設前ということも重視し、便宜《べんぎ》的《てき》であるが「入部」を用いている。

第二章

近世城郭「江戸城」と城下の整備

〈一〉家康の江戸入部と城造り

江戸築城

江戸城が戦国の城郭として築かれるのは、室町《むろまち》時代に編まれた軍記物『鎌倉大草紙《かまくらおおぞうし》』などでは長禄《ちょうろく》元年（一四五七）頃とされるが、長禄三年（一四五九）や康正《こうしょう》二年（一四五六）とする説もある。いずれにしても享徳《きょうとく》三年（一四五四）に起こった享徳の乱勃発後のことである。享徳の乱とは、鎌倉公方《かまくらくぼう》（室町幕府の東国統治機関「鎌倉府」のトップで、足利尊氏《あしかがたかうじ》の血筋を引く関東足利氏）の足利成氏《しげうじ》が、鎌倉公方補佐の関東管領《かんとうかんれい》である上杉憲忠《うえすぎのりただ》を殺害し、その後、室町幕府が成氏追討を命じたため、関東地方一円が抗争を続けることになる戦乱をいう。東国は応仁《おうにん》の乱よりも早く戦国の世に突入した。

一般的に江戸城は扇谷《おうぎがやつ》上杉氏家宰《かさい》の太田《おおた》道灌《どうかん》によって築かれたといわれているが、松《しょう》陰《いん》という僧が関東の内乱を記録した『松陰私語』によると、江戸築城は太田道真《どうしん》・道灌親子のほか、扇谷上杉氏の上田《うえだ》・三戸《みと》・荻野谷《おぎのや》氏などの宿老らによって「数年秘曲を尽くし

江戸城内の含雪亭で和歌を詠む太田道灌（『江戸名所図会』国立国会図書館蔵）

て相構《あいかま》」えたもので、道灌一人の手によるものではなかったようだ。

江戸城は、入間《いるま》川《がわ》（現在の荒川・隅田川筋）・荒川（元荒川筋）などの武蔵東南部の大河川の河口部に位置し、江戸氏以来の江《え》戸《ど》湊《みなと》や、相模《さがみ》や武蔵東部、東方の房総・常陸《ひたち》方面と連絡する街道などが結節する交通の要衝に位置していた。

享徳の乱の時、旧利根川《とねがわ》以東の下総《しもうさ》・上総《かずさ》・常陸・下野《しもつけ》には足利成氏やそれに従う勢力が展開しており、江戸城は扇谷上杉氏にとって東方の敵対勢力に対峙《たいじ》し、最南端の臨海部に位置する前線拠点のひとつとして重きをなしていた。

江戸城は、そのような軍事的な拠点としての役割とともに、周辺地域の支配拠点としても重要な存在であった。江戸城内に設けられていた静勝軒《じょうしょうけん》という建物と付属施設の泊船亭《はくせんてい》（江亭《こうてい》）内に掛けられていた漢詩板「江戸城静勝軒銘詩序並江亭記等写」などによると、城下は次のような繁華な場であったようだ。

（1）城の東畔には川が流れ、折れ曲がって南の海へと注いでいた。

（2）河口には高橋が架かり、その橋の付近には商船・漁船が繫留《けいりゅう》され、日々市を成していた。

（3）安房《あわ》・常陸・信濃《しなの》・越後《えちご》・相模・和泉《いずみ》などから各地の特産品や舶載などの品物がもたらされ、多くの人で賑わいをみせていた。

この記述は、詩文なので文学的に賛美され誇張した表現であることは否《いな》めないが、交通の要衝として物資が集まり、城下が賑わっていたことは肯定されよう。

漢詩板に記されていた道灌時代の子城《ねしろ》（本城）・中城《なかじょう》・外城《とじょう》の三重の郭《くるわ》の位置を考えると、近世の本丸の位置する突出した台地の先端部に、城の主郭となる三重の郭を構えた縄張りであったと考えられる（図6）。

西側は、近世本丸西北の三日月濠《みかづきぼり》（乾濠《いぬい》）から弁慶濠《べんけいぼり》、さらに蓮池《はすいけ》（濠《ぼり》）に至るライン

図6　江戸城内の地形復元

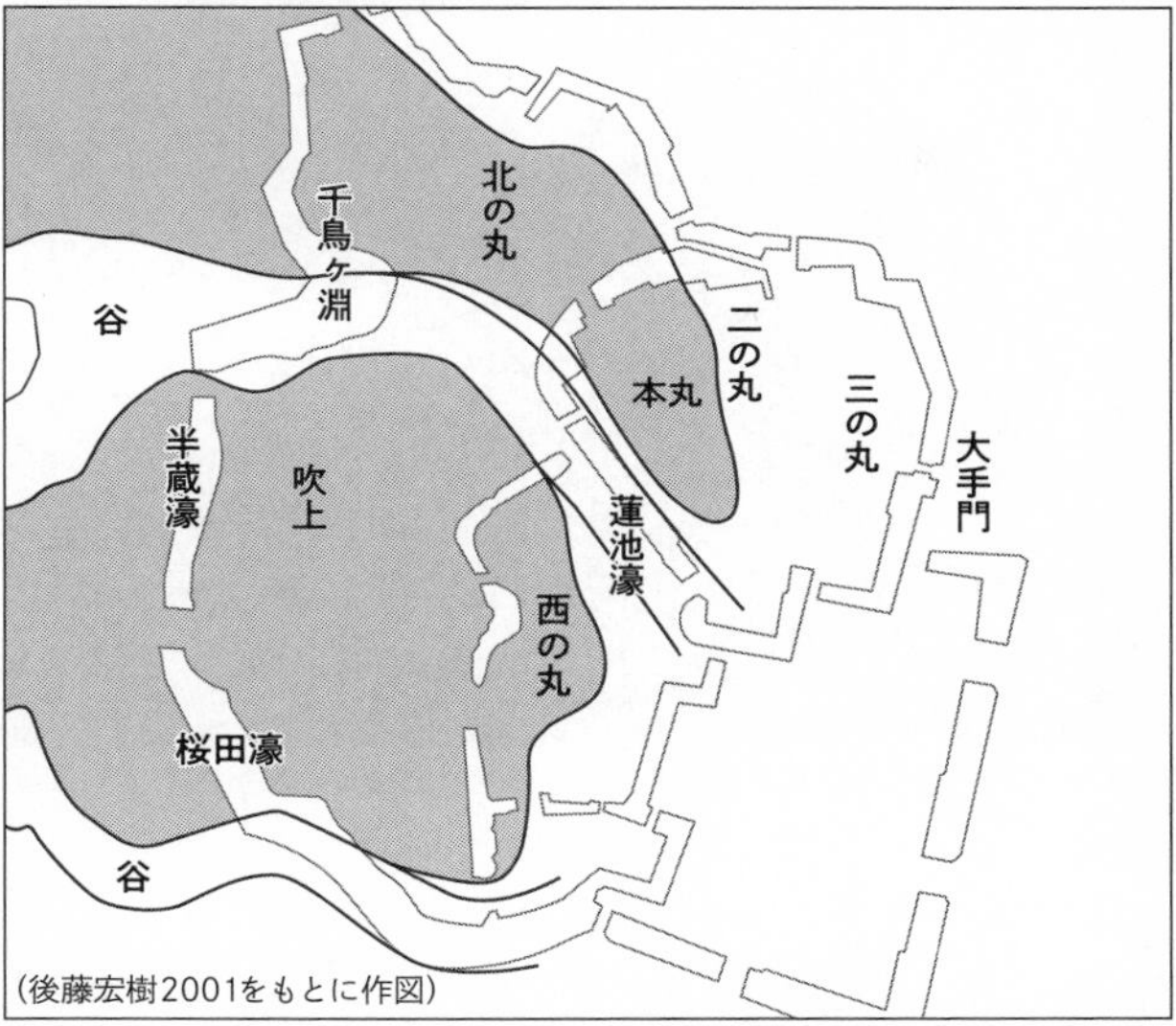

が元々道灌の普請《ふしん》で、詩文から水を湛《たた》えていた水堀を構えていたと考えられ、それを境として西の丸や吹上《ふきあげ》の西側の台地まで縄張りを広げていた可能性は低い。

城の主郭は台地上に構えられていたが、東側の城域は（1）（2）に記された河川である平川《ひらかわ》の流路まで取り込まれていたと考えられる。漢詩板に、東には平川をかすかに望むことができ、川に沿って堤《つつみ》がめぐらされているとあることから、堤は治水とともに防御的な面も兼ね備えていたと考えられる。平川は治水と防御的な面だけでなく、詩文に記されて

江戸城竹橋地区〈国立近代美術館地点〉の発掘調査（東京都教育委員会提供）

いるように経済活動を支える存在であり、平川までを城下に組み込んでいたと考えたい。

ここで問題となるのは道灌時代の平川の流路である。このことは中世から近世の江戸城や城下の変遷をとらえる上でも重要な問題である。ここでは近世江戸城の大手門が構えられている内堀が道灌時代の平川の流路であると指摘しておき、後項で詳述したい。

南側は、平川の河口であり、すなわち日比谷入江となっていたが、主郭部のある突出した台地の先端を直接波浪が洗うというような状況ではなく、低地部には日比谷入江と崖の間（近世の西の丸の西側）に陸域が存在していたと思われる。

北方は、近世の平川濠辺りまでと考えられ、国立近代美術館の発掘調査によって十六世紀前半に平川濠よりも北方の近世の北の丸の一部が、道灌亡き後の扇谷上杉氏によって郭として整備されていた可能性が考えられる。

当時の江戸城を取り巻く情勢は、基本的には太田道灌や扇谷上杉氏の敵対勢力の主力は、古利根川（隅田川）以東であり、東方を意識した防御機能や縄張りであったと思われる。西方からの脅威は、相模の小田原北条《おだわらほうじょう》氏の台頭によってはじまる。

小田原北条氏時代の江戸城

江戸城の歴史を解説した本で、小田原北条氏時代のことを叙述している本はどれだけあるのであろうか。また、家康江戸入部の頃の江戸城について、諸本に「江戸城の間際まで日比谷入江が入り込んでいた」とよく述べられている。

だが、それは万里集九《ばんりしゅうく》の「梅花無尽蔵《ばいかむじんぞう》」や蕭庵龍統《しょうあんりゅうとう》の「寄題江戸城静勝軒詩序」などの漢詩に記された風景のイメージであって、家康の江戸入部よりも一世紀余り前の太田道灌の江戸城周辺の想定される風景をそのままトレースしたにすぎない。小田原北条氏時代の江戸城の姿は欠落しており、よくて小田原北条氏時代の江戸城は道灌時代と代わり映えのしない城であったと見なす程度の紹介しかされていない。ちなみに万里は太田道灌に招かれて江戸城に滞在した臨済宗《りんざいしゅう》一山派《いちざん》の禅僧、蕭庵は臨済宗黄竜《おうりゅう》派の禅僧である。

前項で道灌時代の江戸城東方の城下の広がりは平川までとし、その流路を近世江戸城の内堀ととらえたが、小田原北条氏時代の江戸城や城下の様子を考える上で、この平川の川筋がどこなのかということが重要なポイントとなる。

平川の付け替えの詳細については、後章でくわしく触れるので、ここでは永禄《えいろく》十一年（一五六八）十二月に小田原北条氏四代の氏政《うじまさ》が、家臣の高城《たかぎ》胤辰《たねとき》に命じた史料に記されている「江城《こうじょう》大橋宿」（『遠山文書』）に注目したい。「江城」は江戸城のことを示し、「大橋」は日本橋川に架かる常盤《ときわ》橋の旧称となることから常盤橋辺りに大橋宿が形成されたものと想定される。

したがって、必然的にその頃の平川は現在の一ツ橋、神田橋、鎌倉橋、常盤橋に至る日本橋川の流路のことを指し、日比谷入江には注いでいないことになる。道灌時代の平川の川筋は小田原北条氏時代には日本橋川の流れに付け替えられていたことになる。付け替え地点はおそらく雉子橋《きじばし》辺りと考えられ、元の日比谷入江に注いでいた平川の流れは、小田原北条氏によって堀として改修されたと考えられるのである。近世江戸城の大手門の構えられている内堀は、すでに小田原北条氏時代によって整備されていた可能性が高い。

小田原北条氏時代の「大橋宿」があったと伝わる改修工事中の常盤橋

この江戸城の東側の外堀の役目を果たしたと思われる日本橋川の堀筋は、隅田川まで繋がっていないものの、幕府が開かれて間もない慶長《けいちょう》十三年（一六〇八）頃の江戸の町並みとされる「別本慶長江戸図」に描かれていることから、その絵図制作時点では存在していた堀で、古くは太田道灌、新しくは徳川家康が造り出したとみられてきた。しかし、すでに述べたように大橋および大橋宿の位置から日本橋川の開削を小田原北条氏時代と想定する必要がある。

そのカギを握る遺構が、千代田区丸の内一丁目遺跡の調査で発掘されている。寛永《かんえい》十三年（一六三六）の外堀普請で石垣が築かれるが、それ以前の石垣を備えない旧外堀遺構が見つかり、さらにその下から畝《うね》のように堀底を仕切っている障子《しょうじ》

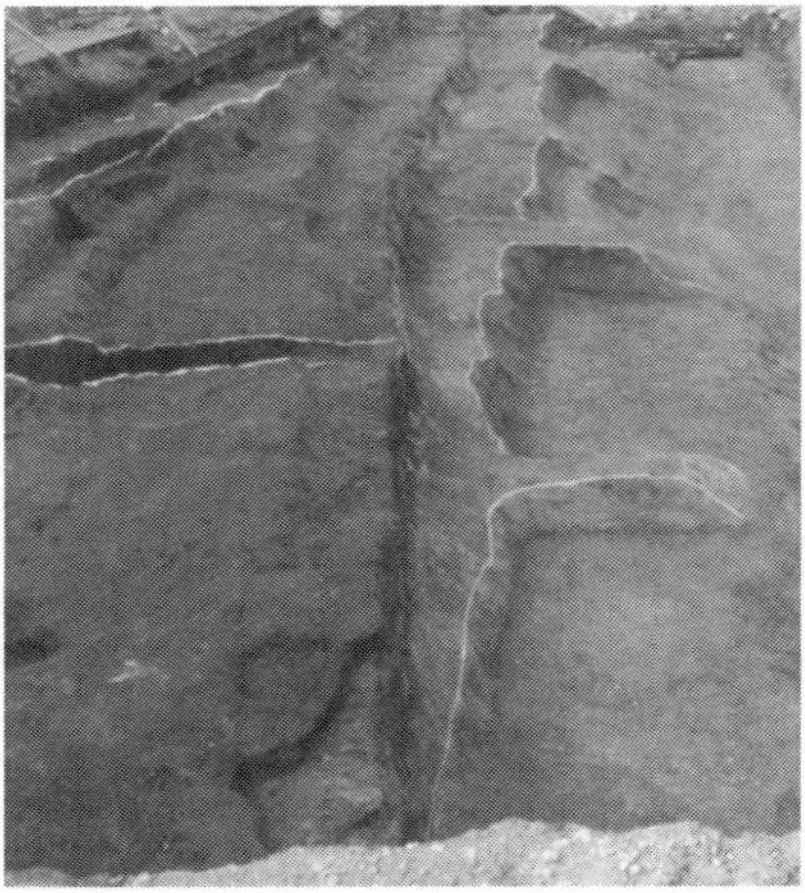

丸の内一丁目遺跡から発見された障子堀（千代田区教育委員会提供）

堀《ぼり》状の遺構が確認されている。調査者は、十七世紀初頭と年代を推定しているが、小田原北条氏による普請の可能性も考えてもよいのではないだろうか。

小田原北条氏は、道灌の江戸城をもとに、東側は平川を付け替えて常盤橋から近世の外堀のラインまでを城下として広げ、西側は少なくとも道灌時代の乾濠・蓮池濠のラインまでは城域として整備していたものと想定される。

江戸入部時の江戸城

小田原北条氏が滅亡した関東には、徳川家康が入部し、本拠を江戸に据えた。慶長五年（一六〇〇）、家康は関ヶ原の戦いで勝利し、慶長八年（一六〇三）に江戸幕府を開き、以後約二百六十余年にわたる江戸時代の基礎を築くことになる。

さて、家康が本拠とした近世江戸城の構造は、大きく内郭と外郭に分けられ、内郭は内堀のめぐる内側で、本丸・二の丸・三の丸・西の丸・北の丸・吹上《ふきあげ》からなる。しかし、当初からこのような構造を呈していたわけではない。本章では、近世城郭としての江戸城の形成過程を解説したい。

家康は、天正《てんしょう》十八年（一五九〇）八月一日に江戸入りしたといわれるが、実際はそれ以前に江戸に到着していた。江戸に入部した家康は、さっそく江戸城とその城下の整備に取りかかる。ただし、この時点の家康は、小田原北条氏の旧領国の関東に移封して二百五十万石の大大名となったが、あくまでも豊臣秀吉政権下での有力大名であった。したがって、江戸城は豊臣政権を支え、関東を統治する大名である徳川家康の本拠ということになる。

さて、小田原北条氏時代とともに家康江戸入部時の江戸城や天正・文禄《ぶんろく》期の城の改修工事に関する一次資料はきわめて少ない。その頃の江戸城の姿を探るには、徳川家康の事跡を叙述した『岩淵夜話別集《いわぶちやわべつしゅう》』や『落穂集《おちぼしゅう》』など、家康没後からかなり時が経《た》ってから書かれた二次資料を参考にするしかない。それらは回想録もしくは聞き語りの類《たぐ》いで、家康賛美の筆使いがなされている記述も多いので、その点を注意しながら探ってみよう。

『岩淵夜話別集』や『落穂集』によると、家康が江戸に入部した時の江戸城は、本丸・二の丸・三の丸の三つの郭《くるわ》があり、総じて堀幅も狭く、石垣もなく、土居（土塁《どるい》）には芝や竹木が茂り、門も塀《へい》も粗末で城として低い評価が下されている。

石垣に関しては、家康が入部した当時の江戸城には石垣がないと記しているが、気になることがある。それは、「元亀《げんき》元年（一五七〇）卯月《うづき》十日「北条家朱印状」（青木文書）に、「於武州　切石之儀　被仰付候」とあり、石切《いしきり》の左衛門五郎に江戸・河越《かわごえ》・岩付《いわつき》など城が多くあるので石切に励むよう命じている。この史料によって具体的な石の用い方はわからないものの、小田原北条氏時代の江戸城で石を使った構えがあったことがわかる。大規模な石垣の構えではなく、虎口《こぐち》（出入口）などの部分的な石の用い方だったのであろうか。

また『落穂集』巻之一の「御城内鎮守《ちんじゅ》の事」には、江戸城代・遠山景政《とおやまかげまさ》の居宅が城内に残っていたが、籠城して秀吉勢と対峙すべく茅葺《かやぶ》き屋根の上に土を塗った防火仕様のまま長い間放置していたので、雨が漏って畳や敷物が腐っていたという。建物の屋根は柿《こけら》葺きではなく、板葺きの屋根でも日光枌《にっこうそぎ》・甲州枌という「薄い板」による屋根葺きであり、西国とは異なる東国の粗末なものだった。遠山の居宅と思われる台所は、広さはあったが、茅葺きの古い建物で、玄関の上り段は幅の広い船板を用い、板敷《いたじき》はなく、土間であったという。

このありさまを見て重臣の本多正信《ほんだまさのぶ》が、「他国より使者が来た時に、このような設《しつら》えではあまりにも見苦しいので、せめて玄関まわりを改修しては」と家康に進言したところ、小田原北条氏時代の本丸と二の丸の間の堀を埋め、郭の整備を急ぐように命じたという。北条氏時代の本丸、二の丸、三の丸の間の堀は埋められて本丸は拡張され、改修された本丸内には石垣を設け区画されたので、昔の城の面影《おもかげ》は失われたとも記されている。

当時の大手門は、現在の百人御番所のところにあり、近世江戸城の内堀にあたる内桜田、大手門辺りから三の丸平川口までの間は、堀を掘った時の土を盛って造る掻揚《かきあげ》土居による総構《そうがま》えのような設えで、土手には竹木が茂り、海端に出る小さな木戸門が四～五カ所あった。

郭内には遠山家臣の屋敷があり、小さな家に交じって大きな屋敷もみられ、寺も二～三あった。籠城の時に焼失しなかったので、江戸入部の時に建物を使うことができた。まもなく、寺には幾ばくかの金を与え引っ越しさせ、そこは内曲輪《うちくるわ》として整備し、大手門、内桜田門などの門を整え、内曲輪には将軍家光《いえみつ》の頃まで老中や諸役人の屋敷などがあったという。

家康と本多正信とのやり取りからも察せられるように、江戸入部時の家康は、屋敷を構えるよりも、まず郭の整備などを優先し、屋敷などの建物については小田原北条氏時代のものを使っていたようだ。

城下の整備

家康は、城下の整備にも力を注いでいる。『落穂集』巻之一「西の御丸事」によると、和《わ》田倉濠《だくらぼり》の八代洲河岸《やえすがし》辺りは、猟師が住む猟師町があり、西の丸下のところは、土地が高いので、西の丸の堀を掘るときに出た土は、猟師町付近の蘆原《あしはら》の造成に使われ、猟師町と陸続きになり、諸々の品物を商う店ができ、ひびや（日比谷）町と呼ばれ、ことのほかの賑わいをみせていたという。

ちなみにのちに西の丸として整備されるエリアは、家康の江戸入りの際は野山で所々に田や畠があり、春は桃・桜・梅・躑躅《つつじ》などの花も咲き、江戸中の身分の高い者も低い者も行楽に訪れ、天地庵という常念仏堂があったという。本丸から離れており、紅葉山《もみじやま》の下を通り半蔵門《はんぞうもん》へ通じる道があって、城が整備されるまでは、紅葉山を諸人の休み処《どころ》としていたが、そこを家康の隠居所とした。

また、『落穂集』には、天下統一後は駿府《すんぷ》城に家康が隠居したので、本丸に隣接する郭として組み込み、諸人の通行した二カ所の門を閉じ、城内の整備を進め、西の丸下の郭ができた時には「小田原御門」ではなく「外桜田御門」と呼ぶようになったとある。

このほか牛ヶ淵《うしがふち》と千鳥ヶ淵《ちどりがふち》の整備も行なわれたという。慶長七年（一六〇二）の作とされる「別本慶長江戸図」（図7）をみると、千鳥ヶ淵から後の西の丸となる東縁の堀と西縁の道灌堀《どうかんぼり》と呼ばれる堀筋が描かれており、「小田原口門」の城内側に①「御仮殿」と記されているところが、先の家康の隠居所と思われる。

「別本慶長江戸図」には、日比谷入江が描かれ、旧平川の河口の右岸には②「人寄場」や③「荷物あげバ」があり、左岸には④「舟の御役所」とあり、まだこの段階では、入江の水域も残り、「舟の御役所」や「人寄場」「荷物あげバ」などで、舟による物資の搬入が行なわれている様子がうかがえる。

「舟の御役所」の隣には、⑤「申《さる》の年　新きに近［　］すく」と新しく埋め立てて造成した土地のことや、「舟の御役所」から日比谷の入江に向かって、⑥「そうじの竹かぎ水の中へ壱丈出ル　水野殿御あつかひ也　申の年出きる」と記されている。「そうじの竹かぎ」が入江の管理のためか、新しく埋め立てを行なうための施設なのかは判断がつかないが、「別本慶長江戸図」が慶長七年（一六〇二）の作図とすると、「申の年」は慶長元年（一五九六）

図7　別本慶長江戸図（部分）

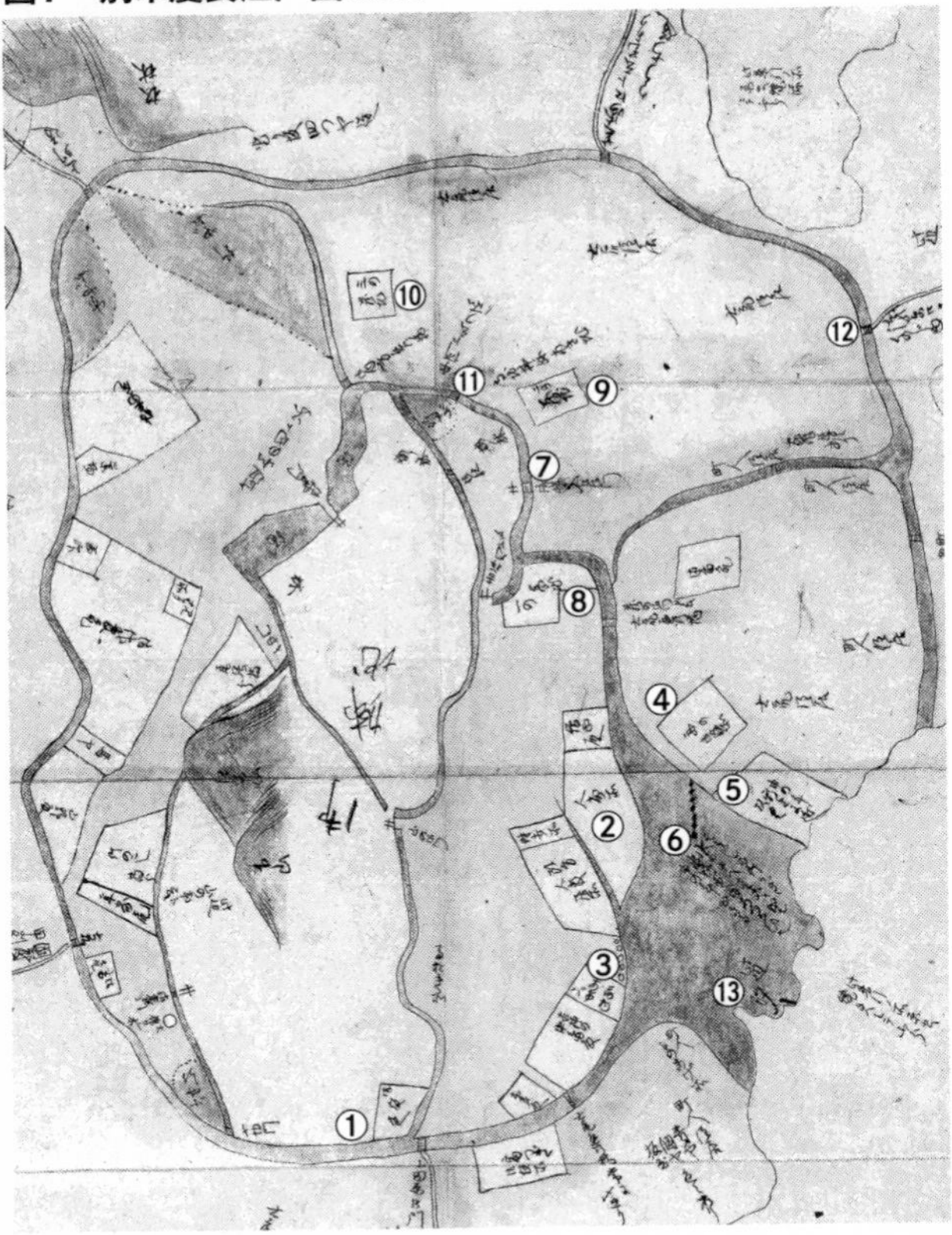

（都立中央図書館特別文庫室蔵）

に推定でき、その年に行なわれた入江の埋め立てなどの開発行為の一環とみられる。

江戸前島のところには、江戸城改修のための物資を搬入するために、前島の付け根を東西に貫くように道三堀《どうさんぼり》を開削し、内堀と連結させる付け替えを行なっており、道三堀沿いには町場が形成されたと『落穂集』巻之二「江戸町方普請の事」に記されている。道三堀は、江戸湊から日比谷入江へ江戸前島を迂回《うかい》しなくとも連絡できるようにするための開削だったともいわれている。

道三堀とともに江戸湊と隅田川、中川、江戸川を東西に連絡する小名木川《おなぎがわ》や新川《しんかわ》の整備も行なわれ、それら河川の上流部からの物資の江戸搬入路の確保に努めた。

家康江戸入部後の江戸城は、本丸や周辺の郭の拡張や城下の整備が進められ、小田原北条氏時代の江戸城の縄張りを大きく刷新していく。

〈二〉関ヶ原以後の天下普請

大名の居城から将軍の居城へ

天下統一を果たした豊臣秀吉は、その矛先《ほこさき》を中国大陸へ移し、明《みん》征服のため朝鮮へ協力を求めた。しかし、拒絶されたため、文禄《ぶんろく》元年（一五九二）と慶長二年（一五九七）に朝鮮へ侵攻したいわゆる文禄・慶長の役《えき》が起こる。家康は海を渡って軍を進めることはなく、朝鮮侵攻の前線基地となった名護屋《なごや》城（佐賀県唐津《からつ》市）に在陣したりしていた。

この役の間、文禄二年（一五九三）に秀吉の側室であった淀殿《よどどの》が秀頼《ひでより》を産み、秀吉から関白《かんぱく》を譲られた豊臣秀次《ひでつぐ》（秀吉の甥、養子）の切腹事件があった。慶長三年（一五九八）に病に伏せた秀吉は、秀頼が成人するまで豊臣政権下の有力大名「五大老」と豊臣家官吏「五奉行」に合議制を執《と》るようにと遺言し、八月十八日逝去《せいきょ》した。

まさにこの時期は、二度の朝鮮侵攻による疲弊も加わって豊臣政権は動揺し、家康も秀次切腹事件以降は、江戸よりも伏見《ふしみ》城（京都市）にいることが多くなった。秀吉亡き後は、家康は豊臣政権の五大老筆頭として重きをなしていった。

慶長五年（一六〇〇）、豊臣政権下の内部抗争は次第に軍事衝突へと向かっていく。家康と五大老の上杉景勝《うえすぎかげかつ》との対立から事態は上杉氏討伐へと発展した。家康をはじめとする討伐軍が、上杉領の会津《あいづ》攻めのために軍を進めるのを好機ととらえた反家康勢力は、五奉行の石田《いしだ》三成《みつなり》を中心とし家康討伐に動き出す。反家康勢力の西軍と家康を大将とする東軍が関ヶ原（岐阜県不破《ふわ》郡）を主戦場として激突、東軍が勝利し、家康の天下統一の大きな布石となった。

慶長八年（一六〇三）に家康は征夷大将軍に任じられ、江戸に幕府を開く。江戸城は豊臣政権の大名の居城から将軍の居城となり、幕府の政庁となった。江戸は幕府所在地となり、翌年から江戸城建設が本格化し、近世城郭としての体裁《ていさい》が整っていく。

翌年からいわゆる天下普請《てんかぶしん》と呼ばれる諸大名への課役による江戸城および城下の本格的な建設がはじまる。慶長年間には石垣普請が行なわれ、武家屋敷の建設も進んだ。

信長や秀吉の政権下で発達した石垣を駆使し、瓦《かわらぶ》葺きの建物や天守を設ける城郭を織《しょく》豊《ほう》系城郭と呼び、西日本を中心に造営された。東日本では、小田原北条氏四代・氏政《うじまさ》の弟である氏照《うじてる》が、居城の八王子城御主殿に石垣を築くなど部分的な石垣造営はあったが、家康の江戸城建設によってはじめて大規模な石垣と瓦葺きの天守を設けた城郭が出現することになる。

ただし、その間、家康は江戸城の築城ばかりに力を注いでいたわけではない。家康は諸大名たちに命じて、秀吉の伏見城を破却して新たに築き直し、京都滞在中の居所とした二条城、駿河《するが》の駿府《すんぷ》城、近江《おうみ》周辺の膳所《ぜぜ》・彦根・長浜の各城、美濃《みの》の加納城、丹波の篠山《ささやま》・亀山城などの普請を公儀が課す義務として命じている。

江戸城の石垣には、「伊豆石《いずいし》」と呼ばれる石材が使われた。伊豆石の石切丁《いしきりちょう》場《ば》は、伊豆半島の東海岸から狩野川《かのがわ》流域・北西海岸などに分布し、石切丁場の中心は江戸に近い東海岸の方で、それも大規模のものが多かった。石は大変な重量があるので、修羅《しゅら》と呼ばれる橇《そり》に似た道具に乗せて山道を下ろしたが、機械のない時代であり、人海戦術で石の運搬が行なわれた。湊まで運ばれた石に綱を掛けて轆轤《ろくろ》船《せん》の轆轤を使って巻き上げると、石を輸送船に移した。

石材を江戸へ輸送するのは石船《いしぶね》と呼ばれる専用の船で、秀吉の子飼いで関ヶ原合戦では徳川方に味方した浅野《あさの》幸長《よしなが》は、家康に三百八十五艘《そう》もの石船の建造を命じられたと伝わっており、石船の総数は三千余艘に及んだという。

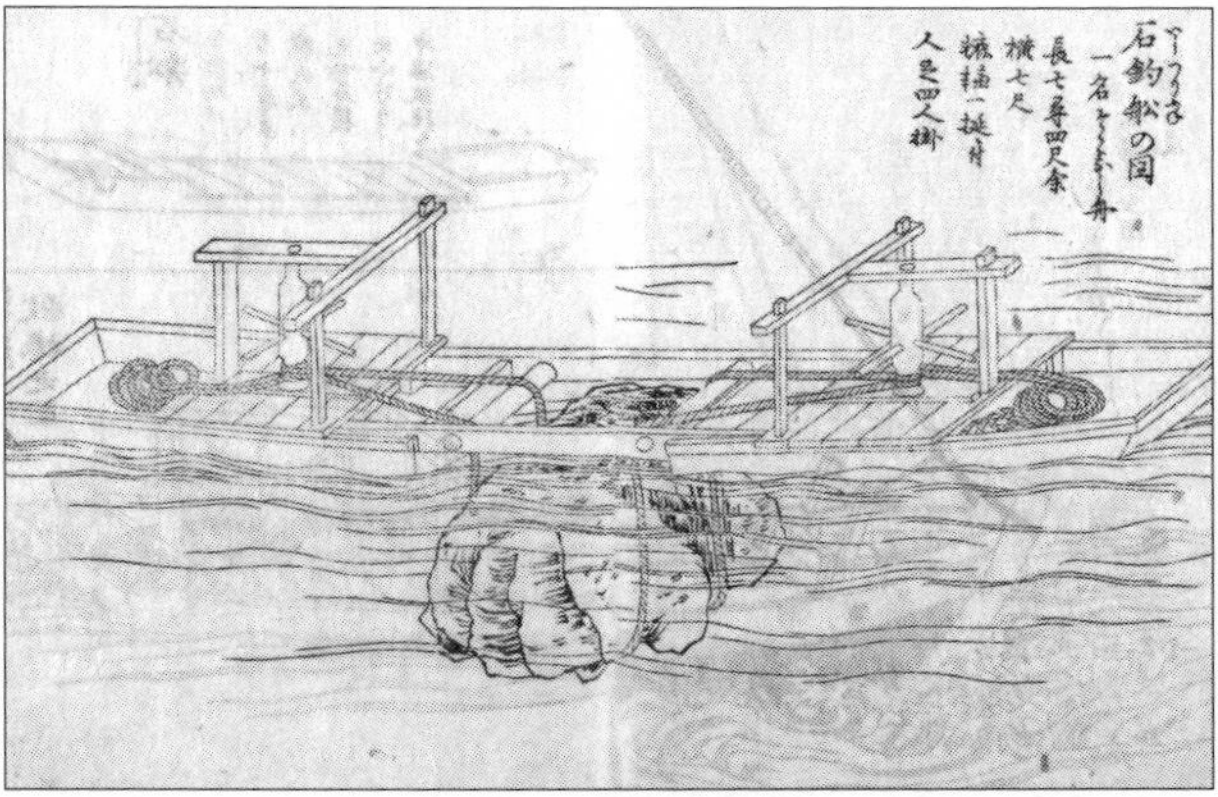

石垣に使われる大石を運んだ石釣り船（『農具便利論』国立国会図書館蔵）

慶長十年（一六〇五）、家康は将軍職を辞して三男の秀忠《ひでただ》に譲り、大御所として駿府城に隠居すると、二元政治体制となった。江戸城と城下の建設は、二代将軍秀忠によって進められることになる。

慶長十二年（一六〇七）には、江戸幕府の象徴となる五層の天守が完成した。正確な規模などは不明であるが、『慶長見聞集』によると、鉛瓦《なまりがわら》を葺いた五層であったという。本丸・西の丸などの内郭も整備され、さらに外郭や石垣の工事も進められるなど、新たな武家政権の都「江戸」の姿が次第に整っていった。

慶長八年（一六〇三）から現在のＪＲ御茶ノ水駅付近、「神田山《かんだやま》」と呼ばれる丘陵を切り崩し、日比谷入江の埋め立てを行なってきたが、慶長十六年（一六一一）までには、新規に造成された埋立地を武家地とし、現在の丸の内付近に大名小路を造った。地続きとなった東側の江戸前島は町人地として整備された。

外国人が見た慶長期の江戸

先述した通り、家康は将軍職を秀忠に譲ると駿府城に拠《よ》って政務を執《と》る、いわゆる大御所政治を行なっていた。その頃の江戸城や城下の様子をドン・ロドリゴというエスパニーニャ人（現在のスペイン）が記録を残している。

一六〇九年（慶長十四）九月、エスパニーニャ船籍の旗艦「サン・フランシスコ」号は、航海中に暴風雨に遭遇してしまい、上総国《かずさ》大多喜藩《おおたき》領岩和田村《いわわだ》の田尻《たじり》の浜（現在の千葉県夷隅郡御宿町《いすみおんじゅくまち》）の沖に座礁《ざしょう》した。司令官ドン・ロドリゴ以下「サン・フランシスコ」号に乗船していた人々は、破損し壊れていく船の帆綱《ほづな》や縄に縋《すが》り、神に祈りを捧げるしか術《すべ》がなく、多くの人が波にのまれて、誰もが運命も尽きるものと覚悟したほどであったという。材木などの板や船尾の一部にしがみついた者だけが、どことも知れない陸に流れ着き助かった。

失ったのは人命だけではなかった。積載していた多くの財産も散逸《さんいつ》することになった。

『慶長見聞録』には、「数々の物を積みたるは宝の山ともいひつへし。此《この》荷物浦へ打上けるを、安房《あわ》、上総、常陸《ひたち》、下総《しもうさ》の者共集り」（三之巻「上総浦にて黒船損する事」）と、近隣の住民が難破船の積荷を拾い集める始末で、その噂を聞いた江戸の人々もおこぼれにあずかろうと、わざわざ上総へ出向く者もいたという。領主の本多《ほんだ》出雲守《いずものかみ》（忠朝《ただとも》）は高札を立てて禁じたほどであった。それほど当時の人々にとって南蛮《なんばん》物は金になるという金銭感覚があったのか、もしくは南蛮への憧れをうかがうことができよう。

「サン・フランシスコ」号の遭難を契機とする交流を記念する日西墨三国交通発祥記念之碑（千葉県御宿町提供）

命からがら難を逃れたドン・ロドリゴ一行には、一人の日本人キリシタンがいて、彼が地元民から上陸した場所が日本の大多喜藩領であることを聞き出し、ようやく自分たちの居場所がどこなのか確認することができた。地元民からは衣服や食料を与えられ、本多出雲守も慰問に訪れるなど厚遇された。

ドン・ロドリゴは、遭難して地元民に

救助されてからの日本滞在の様子を見聞録として著しており、訪問先となった当時の江戸城や城下の様子が記されている。城内の堅固で荘厳な設《しつら》えの様子は、ドン・ロドリゴの見聞録からもうかがうことができるが、ここでは江戸の町の様子を紹介してみたい。

当時の江戸には十五万人ほどの人が暮らし、海が近く、中央には大きな舟が行き交《か》う川が流れているが、水深が浅く帆船は航行することはできない。川から分岐した水路が町に巡らされ、食料などの物資は舟運でもたらされており、物価も安い。町を区画する道は皆一様に幅広く、また長くて真っすぐで、きれいに清掃されており、スペインの市街よりも整っている。家は木造で、二階建てもある。

城下では様々な商いが行なわれて、野鳥や鶏などの鳥類を専門に扱うところや、家畜や狩猟で得た多くの獣などを専門に扱うところ、魚市場には海と川の鮮魚や干し魚、塩漬けした魚、また大きな容器に水を張り生きた魚を入れた生簀《いけす》などもあり、買い手は魚を選んで購入できた。青物や果物を専門とする店もあり、扱う種類も量も多い。商品は清潔に陳列されており、買い手の購買意欲をそそる。また旅籠《はたご》や馬の売買・賃貸など、職業ごとに集住する場所が決まっており、ほかの職業の者同士が雑居することはない。

武士と商人など同じ身分ごとに決められた地区に住み、身分の違う者が雑居することはない。武士の屋敷の門構えは立派で、門の上には家紋が金色《こんじき》であしらわれ、誰の屋敷かがわかるようになっている。

はじめて江戸の城下を目にしたドン・ロドリゴは、好印象を持ったようだ。その後、彼は城下を経て、江戸城で秀忠に謁見《えっけん》した。その後、今度は駿府城まで赴《おもむ》き、家康とも謁見を果たし、一六一〇年（慶長十五）八月一日に帰国の途についた。家康からエスパニーニャとの貿易の命を受けた京都の貿易商人・田中勝介《たなかしょうすけ》ほか二十一人の日本人もドン・ロドリゴに同行している。

徳川秀忠（〔模写〕東京大学史料編纂所蔵）

帰国の際に使われた船は、家康側近のウイリアム・アダムスが建造した「サン・ブヘナ・ベントゥーラ」号で、アダムスもドン・ロドリゴと同じように遭難して救助されたという過去を持つイギリス人であった。

ウイリアム・アダムスは日本名を三浦《みうら》按針《あんじん》といい、一六〇〇年（慶長五）にオ

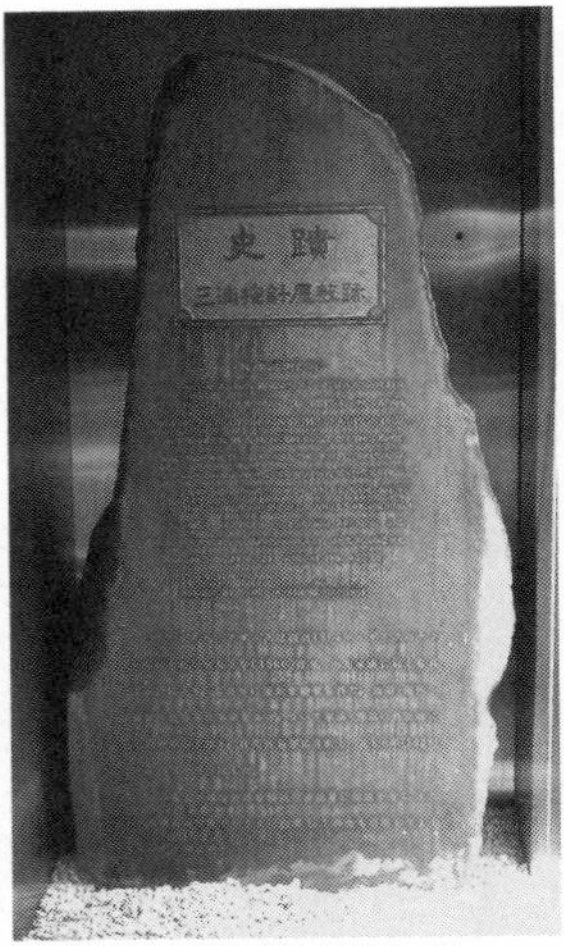

アダムスの江戸屋敷跡に立つ「三浦按針屋敷跡の碑」（中央区）

ランダ商船「リーフデ」号に乗船し、日本に向けて航海をしていたが、暴風雨に遭い、現在の大分県である豊後《ぶんご》国に漂着した。助けられたウイリアム・アダムスは、大坂に送られて家康と会見した。会見後、家康からその見識と才覚を認められ、側近として外国使節との折衝や通訳のほか、新しい造船技術などの指導にあたっていたのである。

ドン・ロドリゴからの書簡を家康・秀忠宛に取り次いだのもウイリアム・アダムスだといわれている。

ドン・ロドリゴが見聞した江戸は、一六〇九〜一六一〇年（慶長十四〜十五）の姿ということになる。江戸城の内郭は一応の整備は完了し、天高く五層の天守がそびえ、石垣が積まれ、外堀が掘られるなど、すでに将軍の城としての威容を整え、幕府本拠としての近世都市江戸の町並みも整備されていたことが、この見聞録からも確認することができる。江戸城と城下の工事は終了したのではなく、その後も継続されて拡充していく。

〈三〉大坂夏の陣以後の造営

元和期の普請

元和《げんな》元年（一六一五）、大坂夏の陣により豊臣政権が倒れ、名実ともに徳川家の天下になると、諸大名の動員力も増し、江戸の整備もさらに進展する。

元和二年（一六一六）に家康が死去すると、秀忠が名実ともに徳川将軍家を牽引《けんいん》していく。元和三・同五年（一六一七・一六一九）に秀忠が上洛したのち、大坂夏の陣で落城した大坂城の再築を築城名人の呼び声も高い藤堂高虎《とうどうたかとら》に命じている。

翌元和六年（一六二〇）からは江戸城の工事が再開され、元和八年（一六二二）には家康の築いた慶長期の天守を破却して、新たに天守台から天守を造り直している。寛永元年（一六二四）には京都二条城の普請も開始されるなど将軍家の築城ラッシュであり、元和・寛永期には並行して大坂・京都・江戸の三都市の普請が行なわれている。

江戸城の堀や土塁が石で積み直され、見附《みつけ》（番兵が城門警護をする場所）が石組みの枡形《ますがた》

現在の新橋駅付近にあった幸橋門の古写真。古くは将軍家菩提寺「増上寺」への道筋にあたり御成門と呼ばれた（『江戸見附写真帖』国立国会図書館蔵）

（枡のような四角形の出入口）に整えられるのは、元和・寛永期になってからのことである。石垣も織豊期には、自然石をそのまま用いて積み上げる野面積《のづらづ》みで築かれていたが、この時期になると同一の形状・規模に加工して整えられた石を積んで石垣が組まれるようになる。

また、元和二年（一六一六）から江戸城の眼下に近世都市の形を整えてきた城下を水害から守るために、神田山を南北に割る新たな流路、すなわち現在の湯島《ゆしま》と駿河台を分断し、増水した水を隅田川へ流すために神田川という放水路を開削する。

元和期の普請は、元和六年（一六二〇）と元和八年（一六二二）の二度行なわれている。元和六年の普請では、内桜田から清水門《しみずもん》に至る石垣と、外桜田、和田倉、竹橋《たけばし》、清水、飯田口《いいだぐち》、麹町口《こうじまちぐち》の枡形が造営されている。

元和の普請を終えた秀忠は、元和九年（一六二三）に家光に将軍職を譲り、西の丸に入って大御所として家康と同じく二元政治を行なった。

寛永期の普請

寛永期は、江戸城外郭の完成に至る家康江戸入部以来の江戸城の総仕上げの普請となる。寛永六年（一六二九）の普請は、総坪数四万四千五百三十二坪にのぼる大工事で、三河《みかわ》以東の譜代と西国の大名が石材運搬の寄方《よりかた》として石垣に使う伊豆石の調達を行なった。江戸城の石垣をはじめとして、江戸の都市建設には多くの石材が伊豆半島から運ばれた。

三代将軍家光は、寛永九年（一六三二）に秀忠が死去すると、元和期の天守を解体し、三代目天守の築造を試みた。寛永十五年、新たな江戸城のシンボルとして五層の寛永天守が完成する。銅瓦葺きで、外観は塗装や銅を貼って黒色に仕上げ、高さは建物だけで五十八メートルを超える巨大な天守であった。

寛永十二年（一六三五）には、神田川はさらに溜池《ためいけ》・赤坂・四谷《よつや》・市ヶ谷・小石川《こいしかわ》と連なる外堀としても整備されるなど、石垣を駆使し、桝形を備えた堅固な諸門を擁する外郭が設けられ江戸城の総構えが完成を見た（図8）。豊臣秀吉の大坂城をはるかに凌《しの》ぐ（外郭面積：約四百五十二ヘクタール）、日本一の規模を誇る城郭が江戸の地に構えられたのである（外郭面積：約二千八十二ヘクタール）。

家康の江戸入部以後、天正・文禄・慶長・元和・寛永期と江戸城と城下の建設が家康・秀忠・家光の三代にわたって進められてきたが、天正から元和期に至る江戸城や江戸の町場の風景を描写した絵画資料は残念ながら伝わっていない。しかし、幸いにして寛永期の金の鯱《しゃち》を頂きに配した天守がそびえ、重厚な石垣と堀がめぐらされた総構えが完成した江戸城と、そのまわりに展開する大名屋敷や町屋の建物群、武士や町人の姿、商いや町場の賑わう風景など家光の治世に完成した江戸城と江戸町の景観は、後項で紹介する歴博本と呼ばれる「江戸図屏風」などで確認することができる。

寛永十二年（一六三五）には、大名を統制する法令「武家諸法度《ぶけしょはっと》（寛永令）」が定められる。それ以前から武家諸法度は発令され、大名が新たに城を築いたり、無断で城の改修をしたり、大名同士の私的な婚姻を禁じ、徳川将軍家への服属の証《あかし》として江戸城下に屋敷地を賜《たまわ》って親族などが証人として詰めていた。この時の武家諸法度から大名の参勤交代が

図8　江戸城の内郭と外郭

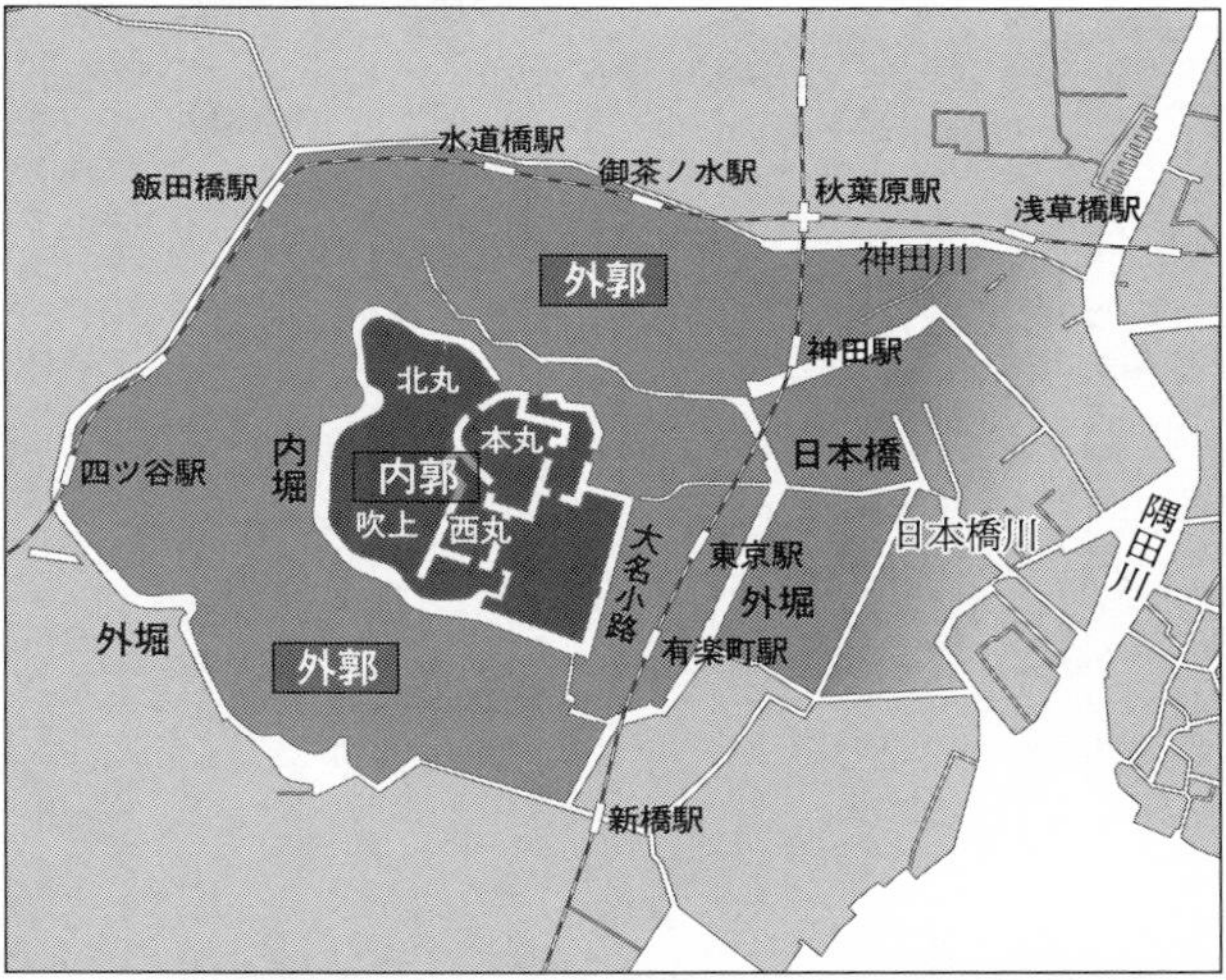

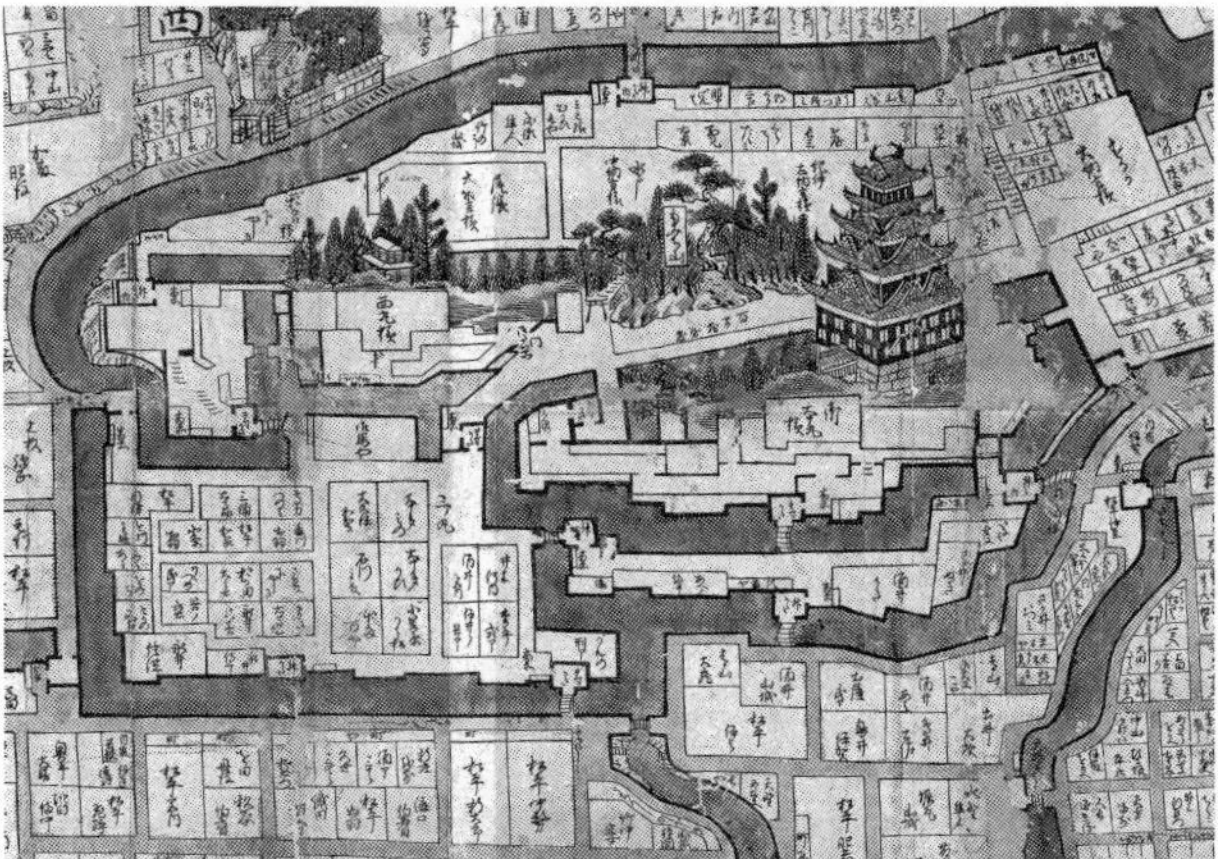

寛永初期の江戸を描いた『武州豊嶋郡江戸庄図』（国立国会図書館蔵）

制度化され、その後、親藩・譜代・外様《とざま》問わず、すべての大名が江戸に屋敷地を拝領し、大名の妻子は国元での生活が禁じられ、人質として江戸の屋敷に住むことになる。

寛永期には、巨大な天守が聳《そび》え、石垣を駆使した壮大な構えの江戸城が徳川将軍家の居城として威厳を示し、将軍家直属の家臣団とともに諸大名が屋敷を構える。江戸は武家の都としての威容を屏風絵として描くまでに成熟した。この時期に、以後続く徳川将軍家の繁栄の骨格が整ったのである。

この金碧画《きんぺきが》「江戸図屏風」に描かれた江戸城と町場が、四半世紀後に紅蓮《ぐれん》の炎に焼き尽くされてしまうことを誰が想像したであろうか。

神田川の掘削

江戸城は、本丸や周辺の郭の拡張を進め、たとえば現在の吹上御苑付近、局沢《つぼねさわ》といわれた界隈《かいわい》にあった寺院群を他所に移し、のちに外堀となる城まわりの堀の整備も行なうなど、小田原北条氏時代の江戸城の縄張りを大きく刷新していった。

近世の江戸城の構造は、大きく内郭と外郭とに分けられる。内郭は内堀のめぐる内側で、本丸・二の丸・三の丸・西の丸・北の丸・吹上からなる。本丸には御殿（幕府の政庁と将軍の居所）と天守が築かれ、幕府の中枢をなす場所であった。大奥は本丸御殿の一角にあった。

二の丸・三の丸には元服前の将軍や大御所、将軍の生母や側室などの居住する御殿があり、西の丸にも大御所の御殿があったが、幕末には本丸の御殿機能を移し、仮御殿などが建てられた。吹上は尾張《おわり》・紀伊《きい》・水戸《みと》の御三家の屋敷地であったが、明暦《めいれき》の大火を機に防火目的のために庭園として整備されている。外郭は内堀と隅田川から浅草橋・小石川・四谷・赤坂・虎ノ門、そして江戸湾に至る外堀との間に展開する武家地・寺社地・町人地となっているところを指している。

一般的には、元和二年（一六一六）に本郷台の神田・湯島間を開削し神田川を通すと、平川と神田川を繋いで外堀とし、さらに寛永十二年（一六三五）には、溜池から赤坂・四谷・市ヶ谷・牛込《うしごめ》・小石川を経て神田川に注ぎ、隅田川に至る外堀が完成したと説明されている。

平川の付け替え云々《うんぬん》についてはすでに説明をしたが、この神田川開削に伴う平川の付け替えや改修とは、現在の三崎橋《みさきばし》（JR水道橋駅の西側）よりも南側の下流のことではなく、北側の上流部のことである。

小石川から南に流れていた平川と、西部から落ちてくる井《い》の頭池《がしらいけ》、善福寺川《ぜんぷくじがわ》、妙正寺《みょうしょうじ》川《がわ》の流れを神田川に集め、浅草御門から先で隅田川に落とした。神田川は、増水した水を隅田川へ流すために寛永十二年（一六三五）までに放水路として開削され、さらに溜池・赤坂・四谷・市ヶ谷・小石川と連なる外堀は、石垣を駆使し、枡形を備えた堅固な諸門を擁する近世江戸城の防御的な特徴のひとつである外郭・外堀として、江戸城の総構えとなった。

神田川の開削がはじまった元和二年（一六一六）に家康は亡くなっているので、秀忠によって本郷台の先端を現在の水道橋からお茶の水にかけて切り通す大規模開削工事が進められたのであるが、工事は仙台藩が担当したので、別名「仙台堀」（ＪＲ飯田橋駅近くの牛込橋からＪＲ秋葉原駅近くの和泉橋《いずみばし》間の神田川）とも呼ばれている。

この工事の開始にあたって逸話が伝わっている。秀忠と独眼竜として有名な仙台藩主の伊達政宗《だてまさむね》が囲碁《いご》を打っていた時に、江戸城は本郷台から攻められると危なく弱点であると政宗が指摘し、自ら開削工事を担当することを秀忠に願い出たという。

開削工事で切り離された本郷台の先端部には、家康の家臣が駿府《すんぷ》から移り屋敷を構えたので駿河台《するがだい》と呼ばれるようになったという。

上:御茶ノ水橋から眼下に流れる
神田川を望む
左:青葉城址に立つ伊達政宗像
(宮城県観光課提供)

飲料水の確保

江戸に武家屋敷や町屋を建設しようとした時、飲料水の確保は欠かせない。初期の江戸の飲料水は、湧水《ゆうすい》、池泉《ちせん》、井戸などとともに、上水敷設などのインフラ整備も行なわれたはずであるが、くわしい様子はわかっていない。ただ、十七世紀末には神田上水・玉川《たまがわ》上水・本所《ほんじょ》上水（亀有《かめあり》上水）・青山上水・三田《みた》上水（三田用水）・千川《せんかわ》上水の江戸六上水といわれる浄水施設が整備され、江戸市中に水が供給されていた。

初期の上水として神田上水の前進となる小石川上水があったとされる。東京都水道歴史館には、「天正十八年（一五九〇）徳川家康の江戸入府に先立ち、家臣・大久保藤五郎に上水開設を命じた。藤五郎は小石川に水源を求め、目白台下の流れを利用し、神田方面へ通水させたと伝えられている。これが小石川上水の誕生であり、その後、随時拡張され神田上水となった。」と解説板が掲示されている。

後年の編纂物で偽書ともいわれ、記載事項の取り扱いに注意の必要な『天正日記』からの引用と思われるので、どこまで史料的な根拠があるのか心許《こころもと》ないが、この小石川上水をもとに神田上水が敷設されたというのは大方の見方となっている。

江戸時代後半には開削された神田川の上を掛樋が通り、江戸城内や町内に飲料水を供給した（『東都名所図会』国立国会図書館蔵）

その一方で、『慶長見聞集』巻之六「江戸町水道の事」に、「見しは昔、江戸町の跡は今大名町になり、今の江戸町は十二年以前まで大海原なりしを、当君の御威勢にて南海をうめ、陸地となし、町を立て給《たま》ふ。然《しか》るに町ゆたかにさかふると云え共《ども》、井の水はへ塩さし入、万民是《これ》をなけく。君聞召、民をあはれみ給ひ、神田《かんだ》明神《みようじん》山岸の水を北東の町へ流し、山王《さんのう》山本の流れを南西になかし、此二水を江戸町はまねくあたへ給ふ。此水をあしおふるにたゝ是薬のいつみなえや、五味百味を具足せり。色にそみてよし、身にふれてよし、飯をかしいてよし、酒茶によし」と記されていることを受けて、近世江戸の研究者である伊藤好一氏は、江戸の上水は慶長の頃から整備されたもので、それ以前は整備されてはいなかったとしている。

田安門から望む千鳥ヶ淵（右）と牛ヶ淵（左）

この『慶長見聞集』は当時の水事情を知る上で興味深い。まず、海を埋め立てて造成した町の井戸は塩気が入り、飲料水としては不適格だった。飲料水に嘆く万民の声に応《こた》えるべく、家康は神田明神山岸と山王山本の二つの流れを飲料水として江戸の町に供給したという。

神田明神山岸の流れは、小石川上水とみられ、江戸の北東方面の町場に供給された。神田上水は、町場の需要が大きくなると、新たに井の頭池を水源とし、江戸城内のほか武家地や町人地に広く給水するようになる。

山王山本の山王は江戸城内から改築工事で麹町《こうじまち》・隼町《はやぶさちょう》に遷座した日吉《ひよし》山王神

社のことで、その流れとは赤坂溜池の水で江戸の北東方面の町場に供給され、承応《じょうおう》二年（一六五三）から開削事業が開始される玉川上水の前身と考えられている。

家康が江戸に入部した当時、『慶長見聞集』に記されている水源のほかに、鈴木理生氏は千鳥ヶ淵と牛ヶ淵も水源として確保するために築いたダム湖だと指摘している。三十万を超す家康の家臣団が江戸に入り、差しあたって飲用水確保が緊急の課題であったと述べ、半蔵門から田安門《たやすもん》に至る局沢川を堰《せ》き止めて、千鳥ヶ淵を造ったという。あわせて、田安門を挟んで千鳥ヶ淵と隣り合う牛ヶ淵は、麹町から続く武蔵野台地の東端となり、現在、九段坂下となる地域は平川が流れ、その流路に沿って階段状の地形「河岸段丘」になっていた。この流れを飲料水として活用するため、清水門《しみずもん》の付近で堰《せ》き止めたダムが牛ヶ淵だという。

飲料水の確保という面は否定できないと思うが、それだけの目的ではなく、二つの淵とも江戸城内堀の標高が最上位にあり、千鳥ヶ淵は清水濠から大手濠、牛ヶ淵は半蔵濠から桜田濠の水位の維持など、防御的な面も兼ね備えた施設だととらえられるのではないだろうか。

〈四〉灰燼に帰した家康・秀忠・家光の江戸

描かれた寛永期の江戸

天正十八年（一五九〇）の徳川家康の江戸入部以来、徳川家の新しい領国の本拠として江戸城と江戸城下の建設が進められた。そして、家康は征夷大将軍に任じられ、江戸城が徳川氏の居城から幕府の政庁となり、江戸の町は幕府の政権都市として重きをなすようになったことは、すでに記したとおりである。

それは何も見た目の都市景観だけでない。老中・若年寄《わかどしより》・奉行・大目付《おおめつけ》の制を設け、将軍を頂点とする幕府機構を整備し、参勤交代制や外国との貿易の統制を図るなど幕府としての国内外の政策を断行した。その後、幕府と諸藩による幕藩体制が確立するのは、三代将軍家光の頃とされている。

この徳川家光治世の江戸城とその城下を描いたとされるのが、国立歴史民俗博物館に所蔵されている「江戸図屏風」（以下、歴博本「江戸図屏風」と略す）と呼ばれる紙本金地着色《しほんきんじ》

『江戸図屏風』（部分）に描かれた天守（国立歴史民俗博物館蔵）

の六曲一双の本間屏風《ほんけんびょうぶ》仕立ての屏風絵である。一般には、寛永期（一六二四〜四五）の作と見られている作品とされるが、中世の絵画資料の研究家である黒田日出男氏は正保《しょうほう》・慶安《けいあん》年間（一六四五〜五一）から明暦《めいれき》三年（一六五七）の大火までに引き下げて考える説も出されている。

同じ頃の江戸を描いた屏風絵として、出光《いでみつ》美術館が所蔵する八曲一双の「江戸名所図屏風」（以下、出光本「江戸名所図屏風」と略す）がある。

描く範囲は、前者の歴博本「江戸図屏風」は、右隻《うせき》が神田川から北の川越《かわごえ》城や鴻巣《こうのす》御殿辺り、左隻は江戸城から南の品川宿までである。一方、出光本「江戸名所図屏風」の右隻には上野寛永寺や浅草寺から日本橋界隈《かいわい》、左隻には江戸城から品川宿界隈までが描かれている。左隻は双方とも江戸城から南が品川宿までと同じであるが、右隻は歴博本「江戸図屏風」は北武蔵《きたむさし》に及ぶ広範囲となっている。

描かれているものも、両者で異なる。

出光本「江戸名所図屏風」が江戸の名所地の賑わいや江戸の都市で生活する人々の活気に満ちた様子、さらに芸能や寺社の祭礼といった当時の風俗を描いているのに対して、歴博本「江戸図屏風」は江戸城天守や城内の構造物、徳川家のゆかりの寛永寺や増上寺の伽藍《がらん》を克明に描き、また、鷹狩、鹿狩、猪狩《ししがり》など御狩りの場面をはじめとする三代将軍家光の事跡を描き込んでいる。

出光本「江戸名所図屏風」のモチーフが、江戸で暮らす庶民であるのに対して、歴博本「江戸図屏風」は徳川家光や将軍家の威光がモチーフになっているため、江戸市中での人々の描写は出光本「江戸名所図屏風」に比べると静寂観があり、金色《こんじき》で描かれる金雲《かなくも》も含め、作品全体に気品を漂わせている。

この双方の差異は、発注者や描こうとする目的によって生じるものであることは容易に理解できることで、歴博本「江戸図屏風」が徳川家光とのかかわりで説明される所以《ゆえん》となっている。

まさに歴博本「江戸図屏風」は、三代将軍徳川家光の治世に整った大江戸の完成絵図ともいえる作品なのである。

明暦の大火

徳川将軍家を頂点とする政権の理想の姿を、幕府の政庁が置かれた江戸城とその城下を通じて空間的に表現したのが、前項で紹介した歴博本「江戸図屏風」だといわれている。慶安四年（一六五一）に家光が逝去《せいきょ》すると、徳川四代将軍に就任した家綱《いえつな》の治世となるが、六年後の明暦三年（一六五七）、歴博本「江戸図屏風」などに描かれた理想の都市は炎に焼き尽くされ灰燼《かいじん》に帰してしまう。

日本の伝統であり、特徴でもある木造家屋の最大の難点が火災に弱いことであろう。「火事と喧嘩《けんか》は江戸の華《はな》」といわれるほど、木造家屋が集中する近世都市江戸は多くの火災に見舞われている。なかでも俗に「江戸三代大火」と呼ばれる「明暦の大火」、「目黒行人坂《めぐろぎょうにんざか》（明和《めいわ》）大火」、「丙寅《ひのえとら》（文化）大火」がよく知られており、そのうち「明暦の大火」は「振《ふり》袖《そで》火事」とも呼ばれ、「御当地始まりての大火事にて武家屋敷町屋共に悉《ことごと》く類焼に及ひ候なり」（『落穂集』巻之九「酉の年大火事の事」）と記されるほど、家康江戸入部後の江戸におけるはじめて起きた大規模な火災であった。

『落穂集』によると、正月十八日の朝、北風が強く、五〜六間（約一〇メートル）先も見えないほど土地埃《とちぼこり》が舞い上がっていたという。そのようななか、本郷の本妙《ほんみょうじ》寺から出火、本郷、湯島、浅草橋御門内の町屋まで火の手は広がり、さらに神田川を越え、海辺の霊岸島《れいがんじま》や佃島《つくだじま》近くまで延焼し、夜半過ぎにようやく火の手は鎮《おさ》まった。

しかし、翌十九日。前日と同じく朝から北風が強いので、人々が心配していたところ、今度は小石川から出火して大火となり、牛込御門内に火の手が入り、田安御門内の大名屋敷や竹橋御門内の堀端にある紀伊徳川家と水戸徳川家の大屋敷も類焼し、その火の手は本丸に及び、天守と御殿を焼き尽くし、神田橋、常盤橋《ときわばし》、呉服橋、数寄屋橋《すきやばし》などの御門や櫓《やぐら》を焼き払った。

その日の午後二時過ぎに六番町からも火の手が上がり、霞が関、桜田、虎ノ門から愛宕《あたご》下の増上寺門前や芝辺りの海辺まで火炎で嘗《な》め尽くしたという（図9）。

この明暦の大火のことを記した仮名草子『むさしあぶみ』によると、この時の被害は、江

図9　明暦の大火焼失区域

(加藤貴 1998 をもとに作図)

伝馬町牢屋敷から囚人が脱走したと誤断して番兵が浅草見附門を閉めたため、多くの町人が逃げられずに焼死した。その様子を描いた『むさしあぶみ』(国立国会図書館蔵)

戸城をはじめ大名屋敷五百余、旗本屋敷七百七十余、神社仏閣三百五十余、町屋四百町、死者十万二千余人と書かれており、江戸市域の約六割に及ぶ範囲が焼失し、多くの犠牲者を出した大惨事となった。

明暦の大火の犠牲者を供養するために家綱の命により「万人塚」が築かれ、そこに建てられた御堂が両国回向院《えこういん》のはじまりである。回向院はその後も大都市江戸で起きた様々な災害の犠牲者を供養《くよう》する「場」として、都市江戸を支える装置となっていく。

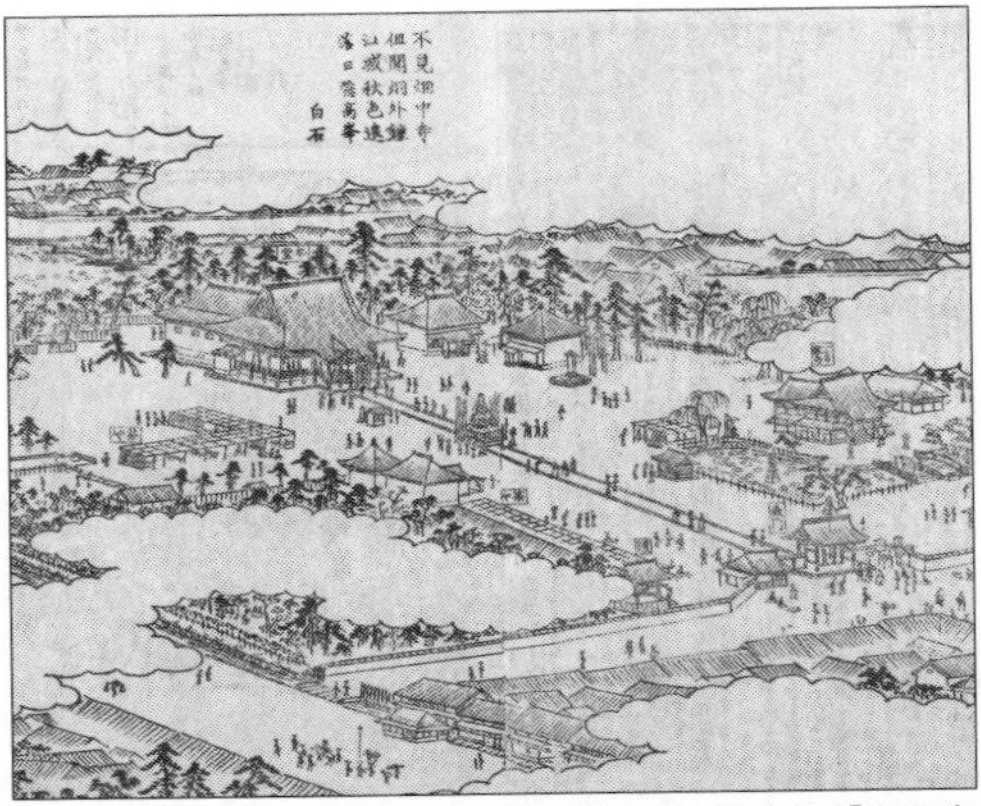

大火後、江戸府内すべての無縁仏が葬られた回向院（『江戸名所図会』国立国会図書館蔵）

復興と隅田川東岸の開発

瓦礫《がれき》と化した江戸の町場だが、都市機能を止めることなく、すぐに復興の息吹が立ち上がる。それとともに大火による被災を受けて防災にも力を入れた都市開発が行なわれるようになる。

その復興を支えた要因のひとつは、食料などの救援物資や材木などの資材を容易に運び込むことができる内海の喉元に位置し、海に開かれた江戸ならではの地政にある。

新たな城下づくりとして、徳川御三家の屋敷をはじめ大名家の屋敷を郭外に移し、寺社も外へ移転させ、武家地や町人地の確保のために埋め立てなどの造成工事を行なった。隅田川に両国橋や永代橋《えいたいばし》などを架け、隅田川東岸の開発にも着手する。また、火除堤《ひよけづつみ》や延焼を防ぐ火除明地《あきち》や広小路《ひろこうじ》を設けるなど、今までにない防災視点の町づくりが行なわれていく。

江戸前島をはじめとする隅田川西岸の下流域は、寛永期（一六二六〜四三）までに、江戸の都市生活を維持するための経済活動の要地として開発されていたが、明暦の大火によって焼け野原になってしまった。

幕府は、この大火を契機に隅田川東岸の本所《ほんじょ》・深川の低湿地の開発に本格的に動き出す。隅田川の両岸地域の連絡を確保するために万治《まんじ》二年（一六五九）に両国橋を架橋する。悪水の排水と水運の便のために竪川《たてかわ》や横川などの掘割《ほりわり》を開削し、その掘削土を用いて造成を

町奉行所の支配域である「墨引」（朱引よりさらに内側の範囲）を示す杭（円内）が立てられている（『東海道五拾三次』国立国会図書館蔵）

行なった。一方、臨海部の低湿地は飲料水に適した良質の水がないため、本所上水を引くなど生活環境も整えていった。寛文《かんぶん》期（一六六一～一六七三）には、新たに造成整備された本所・深川の土地は武家や町人に下げ渡され、隅田川を越えた東岸地域も江戸の都市域に組み込まれることになる。

軌道に乗ったかに見えた隅田川東岸地域の開発も、度重なる火災や水害を被り、なかでも延《えん》宝《ぽう》八年（一六八〇）の大風水害は開発に大きな影響を与えたという。

天和《てんな》三年（一六八三）には、開発は一時中断され、造成された土地は幕府によって召し上げられ、江東撤退と呼ばれる事態となる。その後、開発が再開され、元禄《げんろく》期（一六八八～一七〇四）

になると、土地の下げ渡しが再び行なわれるようになった。文政《ぶんせい》元年（一八一八）に幕府が作成した江戸の範囲を示した朱引図《しゅびきず》によると、隅田川東岸地域は中川から古綾瀬川《ふるあやせがわ》までが寺社奉行の管轄《かんかつ》する地域となっている。幾度となく襲いかかる江戸の災害とその復興によって、隅田川以東に広がる江戸の東郊地域も開発が促され、現在の墨田・江東区域までが江戸の都市域として組み込まれていったのである。

明暦の大火で灰燼《かいじん》に帰してしまった江戸の城下の復興によって、江戸の町場はさらに急速に拡大した。明暦の大火を契機として、火除地や施設、道路の改修などの火災に備えた町づくりが行なわれることになったのは、先述した通りである。やがて、防火対策のため土蔵や瓦葺きが奨励されるようにもなる。その後も江戸は火災だけでなく地震などの災害に度々《たびたび》見舞われ、そのつど復興を遂げながら都市域を拡大させていった。

都市江戸が幕府倒壊後の近代国家の首都東京へ移行することができたのは、火災と地震などの自然災害に襲われながらも復興を遂げ、幕末に江戸都市域全体を舞台とした戦いに巻きこまれる危機があったものの、実際には起こらなかったことも幸いしたのであろう。

コラム２

家康の江戸入りは秀吉が勧めた？

アーバンプランナー★徳川家康

家康の江戸入部に至る経緯については、秀吉との石垣山城《いしがきやま》でのエピソードが有名だ。包囲した小田原城を眼下にみながら立ち小便をして、秀吉は家康に「関八州を与えよう」と言ったという。俗に「関東連れション便」といわれる故事だ。ほかにも以下に紹介する『落穂集追加』に記された場面もよく知られている。

天正十八年（一五九〇）七月五日に小田原北条家五代当主の氏直《うじなお》が秀吉方に開城し、投降する少し前のこと。秀吉が築いた石垣山城のある笠懸山《かさがけやま》の陣中で、秀吉は「小田原城が落ちれば家康に進ぜようと思うがどうであう」と聞くと、「では差しあたり、この城に住むしかありませんな」と家康は答えた。

すると、秀吉が小田原は東国の要衝ではあるが、ここには信頼のおける家臣を置き、

石垣山城跡から見下ろす小田原城（神奈川県小田原市）

ここより東方にある江戸を本城とするのがよかろうと述べ、この後、奥州にも向かわなくてはならなくなるので、江戸の城でこのことを改めて考えようと家康に伝えたという。

小田原合戦時、家康は江戸をどのようにみていたのであろうか。実は、家康は小田原開城前から江戸の状況を把握していた。すでに四月の段階で家康は家臣の戸田忠次《とだただつぐ》を江戸に遣《つか》わして江戸城攻略に向けた策を仕掛けていたし、四月二十二日の江戸開城後の接収も行なっていた。

また、小田原開城後の七月中には家康家臣の松平家忠《まつだいらいえただ》が江戸に入るなど、小田原と江戸との往来は頻繁《ひんぱん》にあり、江戸や北条領国の様子は逐一《ちくいち》報告されていたとみた方が自然であろう。

そもそも北条家と徳川家は婚姻関係にあった。北条家最後の当主となった氏直は、天正十一年（一五八三）に家康の娘督姫《とくひめ》を娶《めと》っており、同盟関係を構築している。つまり、家康は実質的な当主だった氏直の父・氏政の動向も含め北条氏の領国支配の状況なども知りうる立場にあり、江戸がどのようなところか、事前に把握していた可能性は高い。

家康の江戸入部の背景については、秀吉とのエピソードだけでなく、未開の地を開発したという「家康神話」のフィルターを取り除いて、江戸という地がどのような場所なのかを見極めることが肝要である。太田道灌、小田原北条氏の江戸城とその城下を下地とした歴史的環境をも包括しながらの開発であったことこそ評価すべきであろう。

第三章

江戸前島と江戸湊

〈一〉平川の付け替えと日比谷入江

平川の付け替え

中世の平川《ひらかわ》の流れは、家康の江戸入部前後のことを書いた解説書などでは、菊池山哉《きくちさんさい》氏の説を受けて日比谷入江《ひびやいりえ》に注がず、江戸前島の基部を横断するように描かれるようになる。それが鈴木理生《すずきまさお》氏の昭和五十年（一九七五）に著《あらわ》した単著『江戸と江戸城』の頃から平川の流路変更、すなわち付け替え工事は太田道灌《おおたどうかん》の手によるものとされ、平川の付け替え前は日比谷入江に注いでいたとされるようになる。これが巷間《こうかん》に流布《るふ》し、以降、鈴木説が踏襲されるようになる。

鈴木氏は、平川の付け替え理由を、太田道灌が江戸に入部した際、周辺にあった二つの寺院勢力の影響としている。当時の江戸周辺は、隅田川《すみだがわ》上流部に浅草寺《せんそうじ》があり、隅田川下流部の江戸前島《まえじま》は円覚寺領があるため、江戸はそれらの影響下にあった。道灌の狙いは「江《え》戸湊《どみなと》の『一体性』を保持しながら寺院勢力の境界を定めるためには、平川の流路を両寺院

図10　道三堀の開削工事

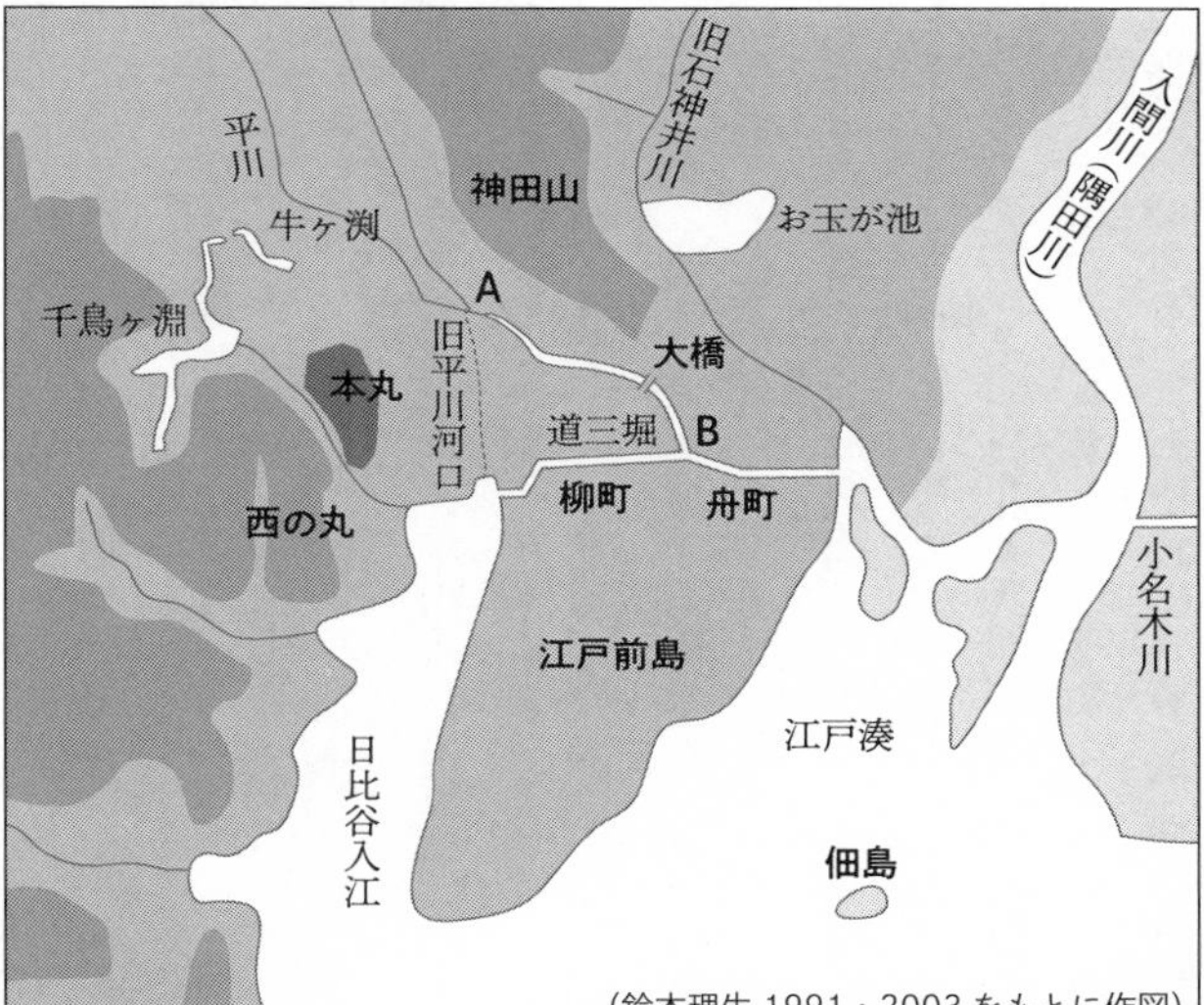

（鈴木理生 1991・2003 をもとに作図）

勢力の境界にする必要があったと思われる」と述べ、平川付け替えの副次的な効果として、江戸前島を豊島《としま》郡として自己の陸続きの領域に抱え込むことができたと評価していた。

しかし、鈴木氏は平成三年（一九九一）に著した『幻の江戸百年』の頃には、自説を訂正し、家康の江戸入部時には平川は日比谷入江に注いでいたとしている。

天正《てんしょう》十八年（一五九〇）に江戸に入った家康直営の工事として江戸前島を東西に貫通する道三堀《どうさんぼり》の築造とともに、A千代田区一ツ橋辺りから大橋（常盤橋）を経てB（日本橋？）

に至る日比谷入江に注いでいた平川の流路変更を示した。平成十五年（二〇〇三）の『図説　江戸・東京の水辺の事典』でも「天正期の運河づくり（一五九〇〜九二）」として『幻の江戸百年』と同じ内容の図を掲げている（図10）。平川の付け替えの時期をどのような理由で太田道灌の時代から家康が江戸へ入部した天正期としたのか、詳細な説明が見あたらないので残念ながら不明である。

平川の付け替え問題は、平川や日本橋川（外濠を通って道三堀に繋がる新流路）の開削に関する史料がないことが、かかる問題を迷走させる要因ともなっていることは否《いな》めない。しかし、第一章で紹介した道灌時代の江戸城に掲げられていた漢詩板や「梅花無尽蔵《ばいかむじんぞう》」などからうかがえる江戸城や城下の風景と、地形の状況を観察検討することで旧流路を想定することはできる。

結論を述べると、道灌時代の平川は日本橋川に落ちるように付け替えられてはいない。先に記したように家康以降の大手門のある江戸城東側の内堀は、元は道灌時代の平川が流路で、その流路を小田原北条氏が堀として改修したものと考えられる。

当時、平川の河口に架かり、市をなして多くの他地域の品物や人々で賑わいをみせていた「高橋」がある。この位置について、道灌時代の平川が日本橋川に注ぎ込んでいるとする説では、現在の千代田区大手町と中央区日本橋本石町《ほんごくちょう》の間に架かる常磐橋《ときわばし》辺りと推定されている。

しかし、先記した分析結果のように、道灌時代の平川は日比谷入江に注いでおり、「高橋」は、近世江戸城の「大手門」、「別本慶長江戸図」（第二章図7）の「御城入口御門」（第二章図7⑦）辺りに架かっていたと想定されるのである。「別本慶長江戸図」には、この内堀に相当するところに下流から上流にかけて「一の蔵地」（第二章図7⑧）、「二の蔵地」（第二章図7⑨）、「三の蔵地」（第二章図7⑩）があり、物資の集積がこの流れに沿って集中していることと、「二の蔵地」「三の蔵地」の間の橋には「平河ト云フ所」（第二章図7⑪）とあることからも、平川が日比谷入江に注いでいたことを裏付けている。

では、平川の付け替えは、誰がいつ行なったのかという問題である。道灌でないとすると、家康と考える向きもあるが、私はその間の時代、小田原北条氏の時代の可能性が高いのではないかと考えている。

前章で紹介したように、小田原北条氏時代に江戸城の城下に「江城《こうじょう》大橋宿」という宿場があったことが史料から確認できる。永禄《えいろく》十一年（一五六八）十二月、北条氏政《うじまさ》が江戸城の守備のために小金《こがね》城（千葉県松戸市）を本拠とする高城《たかぎ》胤辰《たねとき》に「江城大橋宿」に駐屯するように命じたもので、「大橋」は日本橋川に架かる常盤橋の旧称となる（第二章図7⑫）。現在の常盤橋辺りに大橋宿が形成されたものと想定されることから、必然的にその頃には、北条氏による江戸城や城下の整備に伴って、平川を日本橋川の川筋に付け替えていたことにもなろう。

ただし、小田原北条氏時代に日本橋川が隅田川に注いでいたかは定かではない。なぜなら、慶長《けいちょう》七年（一六〇二）とされる「別本慶長江戸図」には、日本橋川が隅田川に流れ込むようには描かれておらず、江戸前島を南北に走る後世の外堀にあたる堀筋が描かれている。残念なことにその末端は焼失部分となり明らかでないが、おそらく日比谷入江に落ちるようになっていたのではないだろうか。

「別本慶長江戸図」は、最古の江戸図としても知られ、慶長七年（一六〇二）よりも古いとも考えられており、家康江戸入部以後の少なくとも征夷大将軍に任じられ、天下普請が行なわれる前の江戸城の姿を描いたものととらえられている。

家康は、江戸入部後に江戸前島の付け根を東西に貫くように道三堀《どうさんぼり》を開削する。この開削は、隅田川河口や江戸湊から江戸前島を迂回《うかい》して日比谷入江へ回らなくとも直接連絡できる水路の整備を目的としたものとみられることから、少なくともこの頃には、日本橋川は隅田川と繋がっていたと考えてよいだろう。

道三堀沿いは、物資の積卸《つみおろし》などで賑わい、町場が形成されたという。開発当初は伊勢国からの者が多く、店の多くは伊勢屋という暖簾《のれん》を掛けていたと『落穂集』（巻之二　江戸町方普請の事）は伝えている。現在でも日本橋・人形町辺りに「伊勢」を冠した老舗《しにせ》が多くみられるのはその名残《なごり》なのかもしれない。

日比谷入江の埋め立て

『慶長見聞集』巻之七「南海をむめ江戸町建給《たてたま》ふ事」に曰《いわ》く。
見しは昔、当君武州豊島の郡江戸へ打入よりこの方町繁昌《はんじょう》す。しかれども地形の広からす。是《これ》に依《より》て豊島の洲崎《すざき》に町を建てんと仰《おおせ》有りて、慶長八卯の年日本六拾《じゅう》余州の人夫をよせ、神田山《かんだやま》を引《ひき》くずし、南方の海を四方三拾四町うめさせ陸地となし、其《その》上に在家を立《たて》給ふ。（略）此町の外《ほか》家居つゝき広大なること、南は品川、西はたやすの原、北は神田の原、東は浅草迄《まで》町つゝきたり。（後略）
「慶長八卯の年日本六拾余州の人夫をよせ、神田山を引くずし、南方の海を四方三拾四町うめさせ陸地となし、其上に在家を立給ふ」と大規模な造成工事の様子を記している。

左手の背の高いビルが明治大学で、画面上部がJR御茶ノ水駅、下部が駿河台下の交差点

この武蔵野《むさしの》台地本郷台の先端にある神田山を削《けず》って平らにする削平《さくへい》工事は、千代田区駿河《するが》台《だい》にある明治大学構内の発掘調査でも、表土の下は「台地の表層を覆う関東ローム層が削られて粘土層となっていたことと符合する」といわれている。

日本大学理工学部4号館・杏雲堂病院・明治大学アカデミーコモンの前面に至るラインを境に北東側のＪＲ御茶ノ水駅側が高く、南西側は一段低く、駿河台下交差点にかけて低くなっていく。この地形の状況は自然ではなく人為的なものであることは明白で、「神田山を引くずし」た時か、それ以後の作為とみてよいのかもしれない。

さて、この『慶長見聞集』の記事から、この時に日比谷入江が埋め立てられたと書き込む本も多いが、先に引いた文の前には、「見しは昔、当君武州豊島の郡江戸へ打入よりこの方町繁昌す。しかれども地形の広からす。是に依て豊島の洲崎に町を建てんと仰有りて」とあり、「洲崎」をどうとらえるかによって状況が違ってくる。限定された土地の名前を指すのであれば、日比谷入江は範囲外となる。「洲崎」とは限定された地域名というより、豊島郡の海岸や河川沿いの砂州や自然堤防などの微高地を総称したものであるなら、日比谷入江も含んでいるものとみてよいだろう。

「南方の海を四方三拾四町うめさせ陸地となし……」とあることから、約四キロメートル四方の範囲を陸地として整備したと書かれており、さらに「南は品川、西はたやすの原、北は神田の原、東は浅草迄……」と続き、具体的にその範囲が示されている。

しかし、この記事から日比谷入江の埋め立て工事の開始時期を慶長《けいちょう》八年（一六〇三）とすることは慎重にならざるを得ない。なぜならば、『落穂集』の巻之一「西の御丸之事」には、「西の丸下のところは、土地が高いので、西の丸の普請で堀を掘るときに出た余った土は、猟師町付近の蘆原の造成に使われた。そのため猟師町と陸続きになり、諸々の品物を商う店ができ、ひびや（日比谷）町と呼ばれ殊《こと》の外《ほか》賑わいをみせていた」と書かれており、西の丸の普請に伴って日比谷入江の埋め立てが行なわれた様子がうかがえる。

この西の丸の普請の様子は、家康家臣の松平《まつだいら》家忠《いえただ》が綴《つづ》った日記『家忠日記』でも確認できる。文禄《ぶんろく》元年（一五九二）三月十六日に、普請奉行の天野清兵衛と山本帯刀から江戸普請のために二十日から来るようにと指示があったので、家忠は江戸普請に従事するための屋敷を造る。二十一日に江戸に到着したが、まだ屋敷ができていないので、伝馬町《でんまちょう》の佐久間氏の屋敷に入っている。二十三日、屋敷ができたのでそこに移り、二十九日から「御隠居御城堀」の普請に従事している。

「御隠居御城堀」とは、第二章でも触れたように「別本慶長江戸図」の「御仮殿」（第二章図7①）のところとみられ、家康の隠居所であり、慶長十年（一六〇五）に家康から将軍職を譲られた秀忠の隠居所ともなり、のちの西の丸にあたる。この時の普請は、翌々月の五月三日に終え、家忠は江戸城から本拠の小見川《おみがわ》（千葉県香取市《かとり》）に向けて帰路についている。この『家忠日記』によって、日比谷入江の埋め立ては慶長八年（一六〇三）よりも前の、少なくとも文禄元年（一五九二）には行なわれ、入江の面積を減じていたことがわかる。

「別本慶長江戸図」を見ると、まだこの段階では、入江の水域も残り、舟による物資の搬入が行なわれている様子がうかがえるが、自然科学分析によると、日比谷入江は縄文海進《じようもんかいしん》以降、丸の内谷のところは徐々に浅海化《せんかい》して、淡水と海水の混じる河口付近の沿岸域のような汽水域環境を呈するようになり、中世後半には平川による堆積《たいせき》作用もあって入江の沿岸は干潟《ひがた》化も進んでいた。

慶長八年（一六〇三）、家康が征夷大将軍に任じられると、いわゆる天下普請と呼ばれる諸大名への課役による江戸城および城下の本格的な建設がはじまるが、日比谷入江は浅いので石垣の石材などの搬入はできず、外堀が掘られ、防御とともに舟運の利便を整えた。「別本慶長江戸図」でもう一つ日比谷入江について気になることがある。図では日比谷入江の海側部分が焼失して失われているが、わずかに「此辺　汐［　］」（第二章図7⑬）と読める書き込みが認められる。

ちょうど、現代ではこの付近が「汐留《しおどめ》」という地域に近いので、仮にこの書き込みを「汐留」と読んだとすると、「汐留」の地は、江戸前島の先端部になり、汐留から西の愛宕山《あたごやま》辺りのラインが日比谷入江の最狭部にあたり、入江と海との境界ともなっている。

「汐留」の地名は、江戸城の堀に潮の干満の影響が及ばないように海と堀とを仕切る堰《せき》があったため、そのように呼ばれたともいわれ、諸大名への課役による江戸城および城下の本格的な建設がはじまると、「汐留」の埋立地が完成したという。いずれにしても慶長八年（一六〇三）以降、「別本慶長江戸図」に書かれた日比谷入江は埋め立てられて陸域となっていく。

汐留遺跡から発掘された「しがらみ」状の土留め（東京都教育委員会提供）

「汐留」に関連して汐留遺跡の発掘調査では、浅瀬の埋め立てがどのように行なわれたかを示す状況が確認されている。埋め立ての仕方は、まず浅瀬に埋め立てをするために板柵やしがらみ（水を堰《せ》き止める杭《くい》列）、土嚢《どのう》を積むなどして土留めの仕切りを設けている。

しがらみの場合は、一定の間隔で杭を打ち込み、そこに竹材を横に編み込み、埋め立て範囲を定め、その内側に土砂を充塡《じゅうてん》していき、しがらみ列の後方には、控えの杭を打って土圧によるしがらみの倒壊を防いでいる。板柵も基本的には同じ構造で、このようにして埋め立てする範囲を細かく定めて、徐々に埋め立て面積を拡大して海辺を埋め立てて造成している。

〈二〉江戸前島の景観変遷

家康入部時の江戸前島

かつての江戸前島やその周辺にあたる大手町、丸の内、有楽町辺りでは、工事中に中世頃の「板碑《いたび》」と呼ばれる秩父《ちちぶ》地方で産出する緑泥片岩《りよくでいへんがん》で作った石製卒塔婆《そとば》、あるいは人骨が発見されることがあったが、発掘調査でないため、くわしい状況は不明であった。

近年、東京駅周辺の再開発事業に伴い発掘調査が行なわれ、地下の様子が徐々に明らかになってきている。ここでは東京駅八重洲《やえす》北口遺跡と有楽町一丁目遺跡の二つの遺跡の発掘成果によって確認された家康江戸入部時の状況を紹介してみたい。

千代田区丸の内一丁目に所在する東京駅八重洲北口遺跡の発掘調査地点は、東京駅八重洲口の至近にあり、かつての近世江戸城の東側にめぐらされた外堀の内側、呉服橋門北西に近接する江戸城下中枢の場所にあたる。「別本慶長江戸図」では「町人住居」と墨書《すみが》きしてある部分に該当し、「大名小路」と呼ばれる武家屋敷地の東端に位置し、慶長十三年（一

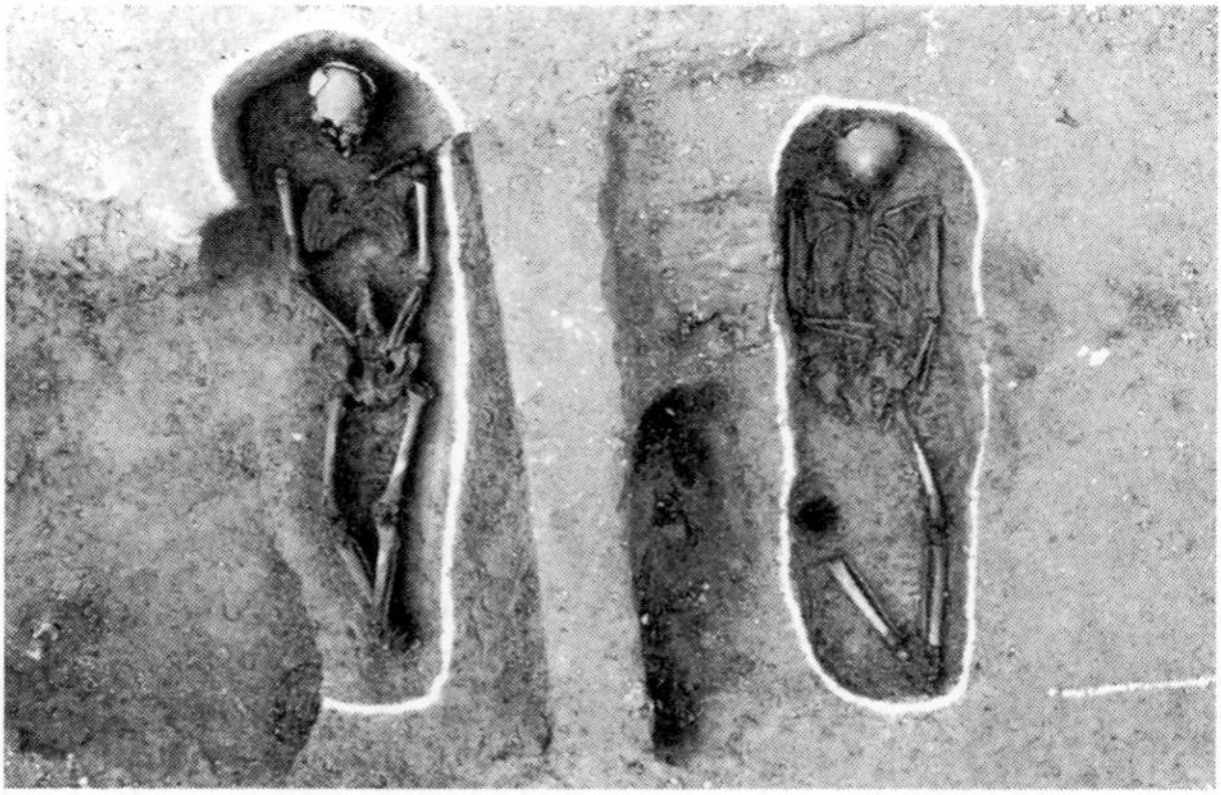

東京駅八重洲北口遺跡から出土した墓坑（千代田区教育委員会提供）

六〇八）の「慶長江戸図」では譜代大名や旗本の屋敷地となっている。寛永八年（一六三一）からは南町奉行役宅、文化三年（一八〇六）からは北町奉行役宅が置かれ、吉良上野介《きらこうずけのすけ》や田沼意次《たぬまおきつぐ》などの上屋敷《かみやしき》もあった。

一期とされる近世の整地層の下にある一層の上面に、家康江戸入部直後の天正十八年～慶長十年（一五九〇～一六〇五）までの間の遺構・遺物が報告されている。確認された遺構は、小穴百四十七基（うち三棟の建物を想定）、土坑四十二基、溝二十四条、井戸六基、堀状遺構一条、墓坑十基である。

当該期で注目されるのは、調査区南西部に集中して確認された墓坑群である。本調査地点は大名小路の一角にあたることから、武家地として開発

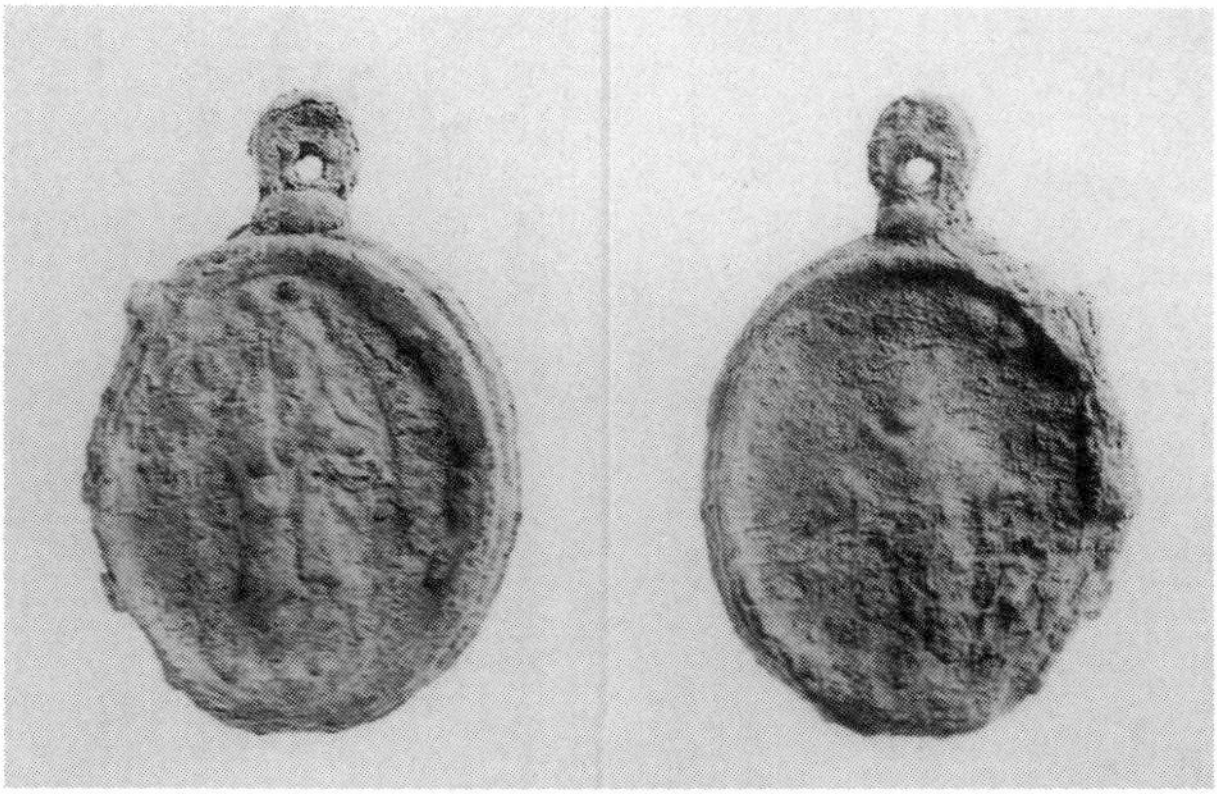

墓坑から出土したロザリオ（千代田区教育委員会提供）

される前の家康江戸入部後のごく初期には墓域となっていたことがわかる。墓域は溝によって区画され、墓坑のうち四基は木棺が遺存し、六基は直葬されており、すべて仰向《あおむ》けで体を伸ばした仰臥《ぎょうが》伸展《しんてん》の状態であった。

なかでも特筆すべき発見は、墓坑から金属製メダイ（メダル）とガラス製および木製のロザリオ玉（十字架を繋いだ数珠《じゅず》状のもの）が出土し、木棺の側板に墨書《ぼくしょ》による十字架が一点認められている。これらの出土遺物などから確認された墓坑群は、キリシタン墓と考えられている。

人骨の分析結果では、人骨の所見や計測値などの形態的特徴からアジア人とみられ、中世末期にキリスト教に帰依《きえ》した日本人信者と推測されている。

次に有楽町一丁目遺跡であるが、発掘調査が行なわれた地点は、日比谷公園の東側を通る日比谷通りの反対側にあり、日比谷濠の南東隅から南へ約一〇〇メートルのところにある。慶長十三年（一六〇八）以前から延宝《えんぽう》九年（一六八一）まで、関ヶ原の戦いなどで戦功をあげた藤井松平家が拝領し、江戸城内郭《くるわ》東南端の要地を押さえるために配置されたとみられている。

中世の時期の遺構として、井戸一基、溝三条、土坑十四基、土坑墓六基、小穴二十五基の遺構が確認されている。遺物は十二世紀末頃〜十六世紀末頃までの中世全般の資料が出土している。

中世の遺構で注目されるのは、先の東京駅八重洲北口遺跡と同様に土坑墓群である。ほぼ、すべての人骨が顔を西に向け、足を折り曲げた側臥《そくが》屈葬位《くつそうい》であった。性別・年齢は、中年女性、中年男性、十五歳前後の女性、七歳前後の少年、性別不明三歳前後幼年、性別不明六カ月前後幼年とみられており、「まるで一家族のような印象を受ける」と報告されている。

興味深いのは、七歳前後とされる少年の埋葬状態で、左右の手が重なった場所に木製の棒状のものが撃ち込まれていた。死亡時前後の行為とみられるが、前例のないものでどのような意味を持つものかは不明であるという。これらの土坑墓は十六世紀代とされている。以前から工事中に採集されている板碑や人骨も江戸前島の西側に集中しており、この二つの遺跡の発掘調査から家康の江戸入部時には、日比谷入江に面する江戸前島西岸地域は、墓域として利用されていたことが明らかとなった。そして、東京駅八重洲北口遺跡では天正十八年〜慶長十年（一五九〇〜一六〇五）の期間にキリシタン墓が営まれていたのである。

徳川家光《いえみつ》が将軍となった寛永《かんえい》期（一六二四〜四四）の江戸の都市風景を描いた『江戸図屏風』にはキリスト教徒らしい人物は描かれていないが、鎖国政策前の江戸には町を往来する人々のなかにキリスト教徒もいたのである。家康の江戸入部以降のごく限られたわずかな時期にキリシタン墓が営まれていたことは、近世都市江戸の歴史風景を考える上で興味深い歴史的事実といえよう。

荘厳な大名屋敷

家康は、中世の江戸前島の歴史風景を覆い隠すように開発整備していく。有楽町一丁目遺跡では、慶長期以前の十六世紀代の墓域に約五〇センチほどの盛土をして近世初期の屋敷を築いている。多くの遺跡で共通している特徴が、近世初期はシルト（砂より小さく粘土《ねんど》より粗い土）や粘土という低地に堆積しやすい土を盛土として用いていることで、年代的に御曲輪《くるわ》内の大名小路一帯が開発整備される慶長十年代に相応するという。そして、十七世紀中葉以降になると、屋敷地の盛土造成にはローム層や黒色土という台地周辺の堆積土を運び込んでいることが確認されている。

ここで注目されるのは、時期による盛土の違いである。先述した通り、神田山を切り崩した土で日比谷入江を埋め、その上に大名小路を造成しているが、神田山は関東ローム層からできており、そもそも台地の表層部にはシルトや粘土の堆積はない。では、近世初期に低地に堆積したシルトや粘土をどこで確保し、大名小路の造成に使ったのであろうか。おそらく、日比谷入江の埋立地界隈、たとえば前節の発掘現場のような八重洲近辺などの神田山より低地部分。ここで行なわれた堀や水路の掘削によって生まれた土を使って盛土をし、大名小路界隈《かいわい》を造成した可能性が高いのものとみられる。

『江戸図屏風』には、金の鯱《しゃち》をいただく五層の天守が聳《そび》え、天守を取り巻くように本丸の瓦《かわらぶ》葺きの御殿や邸《やしき》が立ち並び、それらを画するように石垣を高く積んだ堀がめぐり、大手門や和田倉門の前には華麗な彫刻を凝らした切妻造《きりづまづくり》軒唐破風《からはふ》檜皮葺《ひわだぶき》門を備えるなど、豪華に飾られた大名屋敷が描かれており、三代将軍家光の頃まで桃山期の威風を江戸城下は

『江戸図屏風』(部分)に描かれた大名屋敷(国立歴史民俗博物館蔵)

保っていたことがわかる。

慶長末年までには、江戸前島周辺には桃山風の荘厳な意匠《いしょう》を凝らした大名屋敷が立ち並び、越後《えちご》国高田藩主の松平《まつだいら》忠輝《ただてる》や加賀国金沢藩主の前田《まえだ》利常《としつね》の屋敷は、特に目を惹《ひ》いたと、織豊《しょくほう》政権期から江戸幕府の成立期にかけての年代記である『当代記』は伝えている。

有楽町一丁目遺跡からは、家康の江戸入部時の江戸前島の様子や造成などの基礎工事とともに、江戸初期の大名小路沿いの景観を物語る資料も発掘されている。十七世紀前半の藤井松平家上屋敷のものとみられる金箔《きんぱく》を施した瓦と、黒漆《くろうるし》塗装と金箔の施された装飾部材が出土しており、『江戸図屏風』に描かれた荘厳な装飾を施す大名屋敷の姿を彷彿《ほうふつ》とさせる。

また、〇七〇号と付けられた遺構からは、十七世紀前半から中頃の高級な陶磁器類がまとまって出土している。陶器よりも磁器の方が多く、産地は中国（明《みん》・清《しん》朝）と朝鮮の舶載品、国産の肥前磁器などがみられるが、比率的には中国明末の景徳鎮《けいとくちん》（世界的な有名な陶磁器）産が多いのが特徴で、舶載と国産磁器ともに同一器形、同一装飾の「揃《そろ》い」が多い。

出土した陶磁器類は熱を受けていて、一括廃棄されている。この遺構以外にも厚い焼土層の堆積や建物ごと火災に遭《あ》った痕跡《こんせき》が見つかっており、大規模な火災が発生したことがうかがえる。年代的に明暦《めいれき》の大火と判断され、その猛火によって罹災《りさい》し、陶磁器は一括廃棄されたものとみられている。

調査地点は、当該期には藤井松平家上屋敷があった場所にあたることから、一括廃棄された陶磁器類は賓客《ひんきゃく》をもてなすための家格に相応した饗応《きょうおう》を演出するアイテムであったのであろう。これらの資料は、江戸初期の江戸城下での大名屋敷の構えと武家の暮らしぶりの一端をうかがわせる資料として貴重である。

〈三〉五街道の基点となった江戸

江戸の町割

徳川家康が江戸に入部した時の江戸については、城とともに町の様子は不明な点が多い。江戸の町並みや都市景観を研究している玉井哲雄氏によると、家康が慶長八年（一六〇三）に征夷大将軍に任じられ江戸に幕府を開き、幕府政権の所在地として諸大名を動員した天下普請によって江戸が近世都市として一応の完成をみた慶長から元和《げんな》・寛永に至る時期を「成立期江戸」と呼んでいる。そして、それ以前の家康の江戸入部までの時期を「草創期江戸」、明暦三年（一六五七）の明暦の大火以後を「発展期江戸」として呼び分けている。

この「成立期江戸」の段階で、近世城下町として発展する江戸の基本的な骨組みができるわけだが、実は家康入部前の江戸の姿と同様に、明暦の大火以前の江戸の町割《まちわり》などをくわしく知ることのできる史料はきわめて少ない。

そこで玉井氏は、江戸を描いた「江戸図」と、現在の地籍図（国土調査法に基づき、地籍調査を行なったうえで作成される図面）と土地台帳（地租を課するために必要な事項を記載した帳簿）を兼ねた「沽券《こけん》絵図」に注目し、それらの分析を通して「発展期江戸」以前の江戸の姿の復元を試みている。

その結果わかったことは、江戸の町が碁盤《ごばん》の目状に区画されていることである。これは京都をモデルにしたともいわれ、表通り、裏通り、横町といった街路に四方を囲まれた正方形の形で一区画の町となっている。

町の広さは京間というサイズで表わされ、六〇間（約一二〇メートル）となっているところが多い。これが初期の江戸の町の標準的な単位である。この町のなかに間口六〇間、間口四〇間、間口二〇間という大中小の大きさの町屋敷があり、これら大中小の町屋敷が集まり、一区画の町を構成していた。

この町割は、六〇間四方の町の中央に二〇間四方の会所地（空地）を設け、街路沿いに間口六〇間の町屋敷を配置するのを原則とし、街路に面した両側の町屋敷で一つの町を形成する「両側町」といった（図11）。

さらに重要なのが、江戸では狭い間口側が街路のある表の方向となるが、日本橋通りと本町通りが交差するところの町屋敷では、本町通りを表とした町割になっており、この町

図11　江戸の町の構造

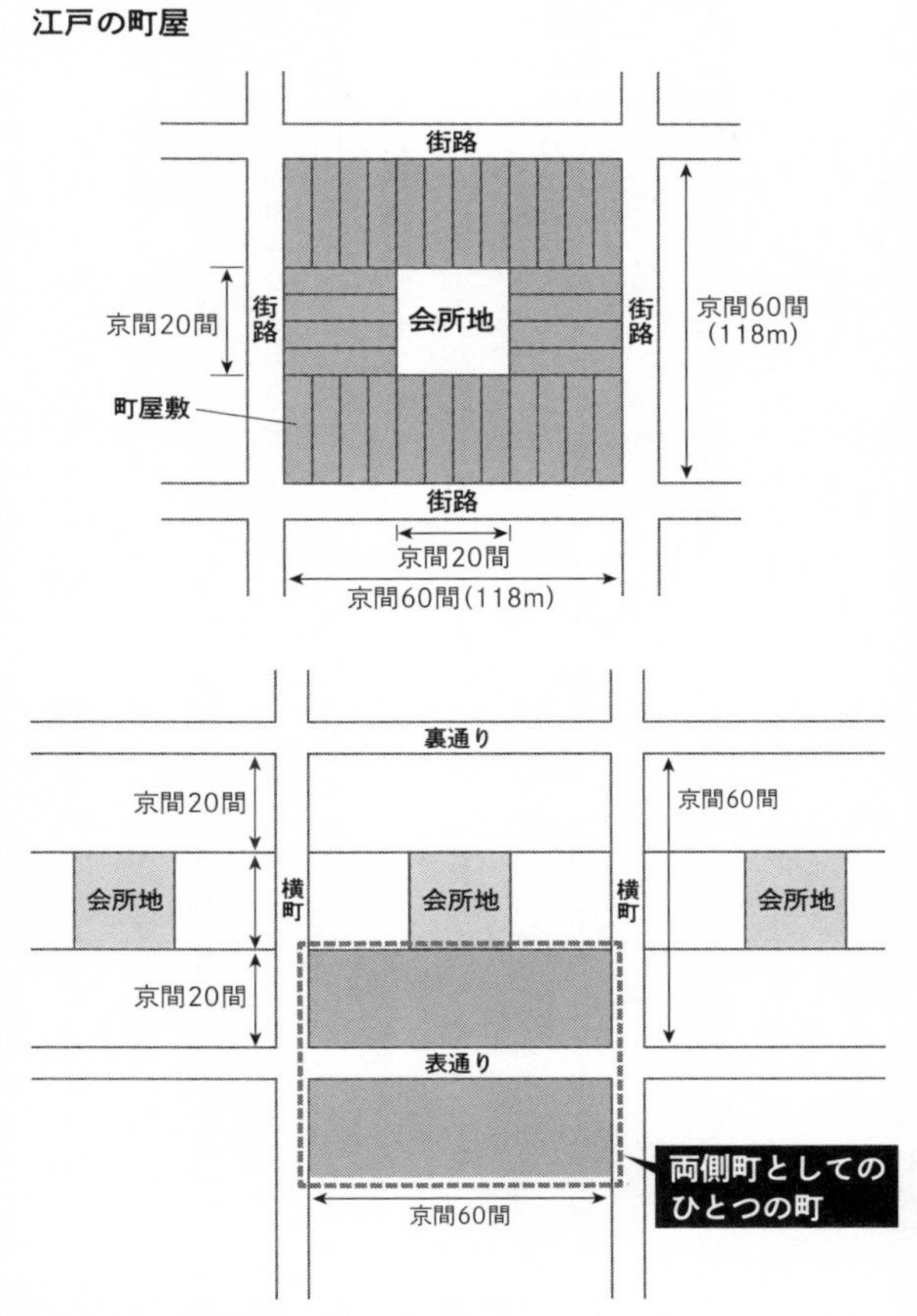

(小学館『江戸時代館』ほかを参考に作図)

割が行なわれた段階では、日本橋通りよりも本町通りの方が主要街路だったと考えられるという。つまり、主要街路が本町通りから日本橋通りに変更されたわけだ。

この指摘は重要である。天正十八年（一五九〇）に徳川家康が江戸に入部した草創期の江戸町は、常盤橋から浅草橋、そして浅草方面と結ぶ本町通りが幹線道路として存在し、その本町通りを中心に町場が形成されていたことになる。そして、草創期の江戸町の中心となった慶長期の本町通りのもととなる本町通りの存在を想定して、それを「原本町通り」と呼んで玉井氏は区別している（百二十七ページの図13）。

そこで問題となるのが、「原本町通り」がいつまで遡《さかのぼ》れるかである。玉井氏は、「原本町通り」は小田原北条氏時代に存在しても、慶長期以前に「原本町通り」を基準線とした正方形街区の形成はなかったと述べ、小田原北条氏時代の具体的な形態は不明だと結論づけている。

後項でも触れるが、私はこの常盤橋から浅草橋を結ぶ「原本町通り」が通る微高地が江戸地域の中心的エリアを構成しているものと考えており、小田原北条氏時代にはそのコアとなるところが大橋宿だと想定している。

玉井氏は、家康が江戸に入部した成立期になって、本町通り、および日本橋通りに沿って計画的な町割による町づくりが行なわれており、日本橋から筋違橋《すじかいばし》に至る直線的な日本橋通りと沿線の整った町割も慶長期に行なわれたとみている。当時先進地域であった京都を中心とする地域の建築や町づくりにくわしい技術者を家康や家臣が江戸に連れてきて、この江戸の町づくりが行なわれたという。

町人地となった江戸前島の地には、のちに日本橋が架けられ、日本橋から北方に中山道《なかせんどう》、南方には江戸前島を南北に貫くように東海道が設けられる。古代からの陸上交通の起点が都城であったが、家康によって現代まで継承されている江戸の日本橋を起点とする街道網が整備されたのである。

日本橋の架橋と都市景観

現在、日本橋川に架かり、「日本国道路元標《にほんこくどうろげんぴょう》」のプレートが埋設されている石造りの日本橋は、明治四年（一八七一）に架け替えられたもので、平成十一年（一九九九）に国の重要文化財に指定されている。昭和三十九年（一九六四）に開催される東京オリンピックのインフラ整備に伴い、短期間でしかも用地買収の手間の省ける既存の道路や河川を首都高速道路の建設用地とした。日本橋川にも橋脚を立て首都高速道路を建設したため、日本橋の上空は首都高速道路に覆われ、日本橋という名所の歴史的景観を損ねてしまった。

戦後の日本では、長い年月をかけて形成された伝統と風格のある街並みが残るヨーロッパをはじめとする諸外国に比べ、戦争で疲弊した国土を復興しようと近代的な町づくりの名のもとに、経済性や効率性、機能性を重視した開発をしたため、美しさへの配慮を欠いた雑然とした景観、無個性・画一的な景観などが各地に出現した。日本橋はまさにそのような国の開発のあり方の象徴的な負の遺産といえよう。

二十世紀末になると、国もこれまでの環境との調和を軽視した無秩序な開発を反省し、公共事業等で景観に配慮する開発を進めるようになった。さらに「この国土を国民一人ひとりの資産として、我が国の美しい自然との調和を図りつつ整備し、次の世代に引き継ぐという理念の下、行政の方向を美しい国づくりに向けて大きく舵を切る」ために、平成十五年（二〇〇三）に「美しい国づくり政策大綱」を策定した。翌十六年には、「景観法」を策定し、景観計画地区域内の建築等に関して届出・勧告による規制を行なうとともに、必要な場合に建築物等の形態、色彩、意匠など法的な規制を加えることなどが可能となった。

このような国の政策の方向転換もあって、日本橋を覆う首都高速道路を日本橋の地下に移設し、スカイライン《天空》の見える日本橋の景観を取り戻す国家戦略特区の都市再生プロジェ

日本橋（左）と日本国道路元標（右）

クトとして、日本橋エリアの再開発事業が進められている。

　最初の日本橋の架橋が行なわれたのは、慶長八年（一六〇三）とされている。橋名は、『慶長見聞集』には、「江戸大普請の時分、日本国の人集まりかけたる橋有。是《これ》を日本橋と名付けたり」とあり、幕府の編纂した江戸の地誌『御府内備考』によると、江戸の中央にあって、諸国の街道の行程もここに定められているからとしている。

　慶長九年（一六〇四）に東海道、中山《なかせん》道《どう》、日光街道（日光道中）、奥州街道（奥州道中）、甲州街道（甲斐《かい》道中）と呼ばれるようになる五街道の起点となり、万治《まんじ》

三代豊国が描いた日本橋（『東海道 日本橋』国立国会図書館蔵）

二年（一六五九）に道中奉行が置かれるまでは、五街道は幕府直轄《ちょっかつ》とされ、一里（約四キロメートル）ごとに一里塚を築き、道路沿いに並木を植えるなど、幕府所在地の江戸と各地を結ぶ街道の整備が進められた。

　五街道は、日本橋から東海道と甲州街道、奥州・日光、中山道が浅草橋まで同一ルートで、そこで奥州・日光街道と中山道とに分かれ、奥州街道と日光街道は宇都宮《うつのみや》で分岐した。五街道の第一宿場である東海道の品川宿、甲州街道の内藤新宿、中山道の板橋宿、奥州・日光街道の千住宿は日本橋から二里（約八キロメートル）以内に位置し、「江戸四《し》宿《しゅく》」と呼ばれ、江戸の玄関口となっていく。

　このように慶長期に江戸の町割や街道が整備され、都市景観が次第に整っていく。そこに一貫した都市計画があったとして、江戸城を中心とした「の」の字状に渦を巻くように設計されていたとか、富士山や筑波《つくば》山《さん》、江戸城の天守などのランドマークを見通せるように設計したなどという説が出されている。

しかし、家康の江戸入部後の江戸城と城下の建設は、すでに見てきたように豊臣政権下の家康による江戸の開発と、関ヶ原の戦いの勝利を経て、征夷大将軍に任じられ幕府を開き、その本拠となる江戸の開発とでは、次元も性格も異なるものであった。

玉井氏が明らかにしたように「成立期江戸」の本町通りと日本橋通り沿いの開発は、「草創期江戸」の原本町通りに規定されたものであり、天下普請以降、江戸の開発は台地を削り、日比谷入江を埋め立てるなど大規模な地形の改変を加えていくが、基本的には家康江戸入部以前の交通の諸条件や江戸城周辺の台地と低地、入江や河川などの水域が入り組み起伏の激しい自然地形に大きく制約を受けている。

ランドマークを見通す設計や渦巻き状とされる都市計画は、「草創期江戸」から「成立期江戸」へと開発が展開していった結果としてとらえる方が実態に即しており、近世都市江戸の都市景観は、平城京や平安京などの都城に見られる碁盤の目状に方形区画を基本としたものとは異なる政権都市として位置づけられるのである。

〈四〉 江戸湊の整備

「江戸」の地名と中世の江戸湊

江戸湊といっても、近世の江戸湊と中世の江戸湊とでは、その範囲や状況が時期によって異なっている。後項で近世の江戸湊のことを取り上げる前に、家康以前の中世の江戸湊や舟運について押さえておきたい。

そもそも史料的に「江戸」という名の初見は、鎌倉時代の歴史書『吾妻鏡《あづまかがみ》』治承《じしょう》四年（一一八〇）八月二十六日条に見える「江戸《えど》太郎重長《しげなが》」という武士の名字として確認される。武士は、自身が開発支配する所領の主であることを知らしめるように土地の名を冠して名乗る。「江戸太郎重長」という武士の存在は、すなわち土地の名称「江戸」も存在していることを示している。

ちなみに土地の名としては弘長《こうちょう》元年（一二六一）十月三日の「江戸長重譲状」（関興寺《かんこうじ》所蔵文書）に「豊嶋郡江戸郷」とあるのが初見で、武蔵国豊島郷に属していたことが確認できる。

「江戸」という地名は、その土地の歴史風景を物語っている。平安時代の後半には、隅田川河口に設けられた「江津《えづ》」があり、のちに「江戸」に転訛《てんか》する。このことは拙著などで何度も繰り返し指摘してきた。ことさら難題を解くかのように「江戸」地名を解説しなくとも、「青戸《あおと》」「奥戸《おくど》」「今戸《いまど》」などの東京低地の地名転訛の特徴を確認することで説明することができる。

私は、「江津」の中心部は、およそ現在のJR神田駅と地下鉄人形町駅の間の江戸通り南側、中央区日本橋本町《ほんちょう》・日本橋室町《むろまち》・日本橋大伝馬町《おおでんまちょう》・日本橋横山町《よこやまちょう》辺りの微高地と想定している。

それらの微高地は、隅田川河口の右岸最末端に位置し、東と南側には海が広がっていた。そして、「江津」の中心部から見て南方には砂州が岬状に形成されており、この砂州のことを江戸前島と呼んだのである（図12）。ここが陸域となって安定した環境を呈するのは鎌倉時代以降のことである。「江戸湊」は必然的に江戸郷の海浜部に求められよう。

江戸氏が入部した頃の「江戸湊」は、単体として機能していたというよりも、隅田川の上流部と一体となった港湾機能を有していたものと思われる。

江戸湊は、具体的にどこにあったのであろうか。

日比谷入江を江戸湊としたり、日比谷入江のある江戸前島西岸部は江戸城に直結する湊で、軍用港としての役割を担っていた、あるいは江戸前島東岸部が商港であり、江戸前島全体が江戸湊とする見方があったり、隅田川河口とするなどと諸説ある。

太田道灌の江戸城内に掲げられた漢詩板から、先に記したように江戸城の東南には海が広がっていたとされ、これを日比谷入江ととらえるのが一般的である。私は少なくとも太田道灌時代は、平川は日比谷入江に注いでいたと考えており、平川を伝って城下と行き来することもできたと思われる。

しかし、もっと重要なことは、隅田川の上流部の浅草、石浜、さらに上流の入間川《いるまがわ》を遡れば、武蔵《むさし》国内陸と連絡できることであり、隅田川河口の江戸地名の由来となった江戸郷の本体が、江戸湊の中核を成していたであろうことは、今までの記述からも容易に推察することができよう。江戸湊や石浜は、利根川水系や入間川水系などの上流部から運送される年貢や商品などの物資が集積する湊として栄え、江戸内海と武蔵国内陸部とを連絡する玄関口としても重要な役割を担っていた。

図12　家康入部前の中世江戸

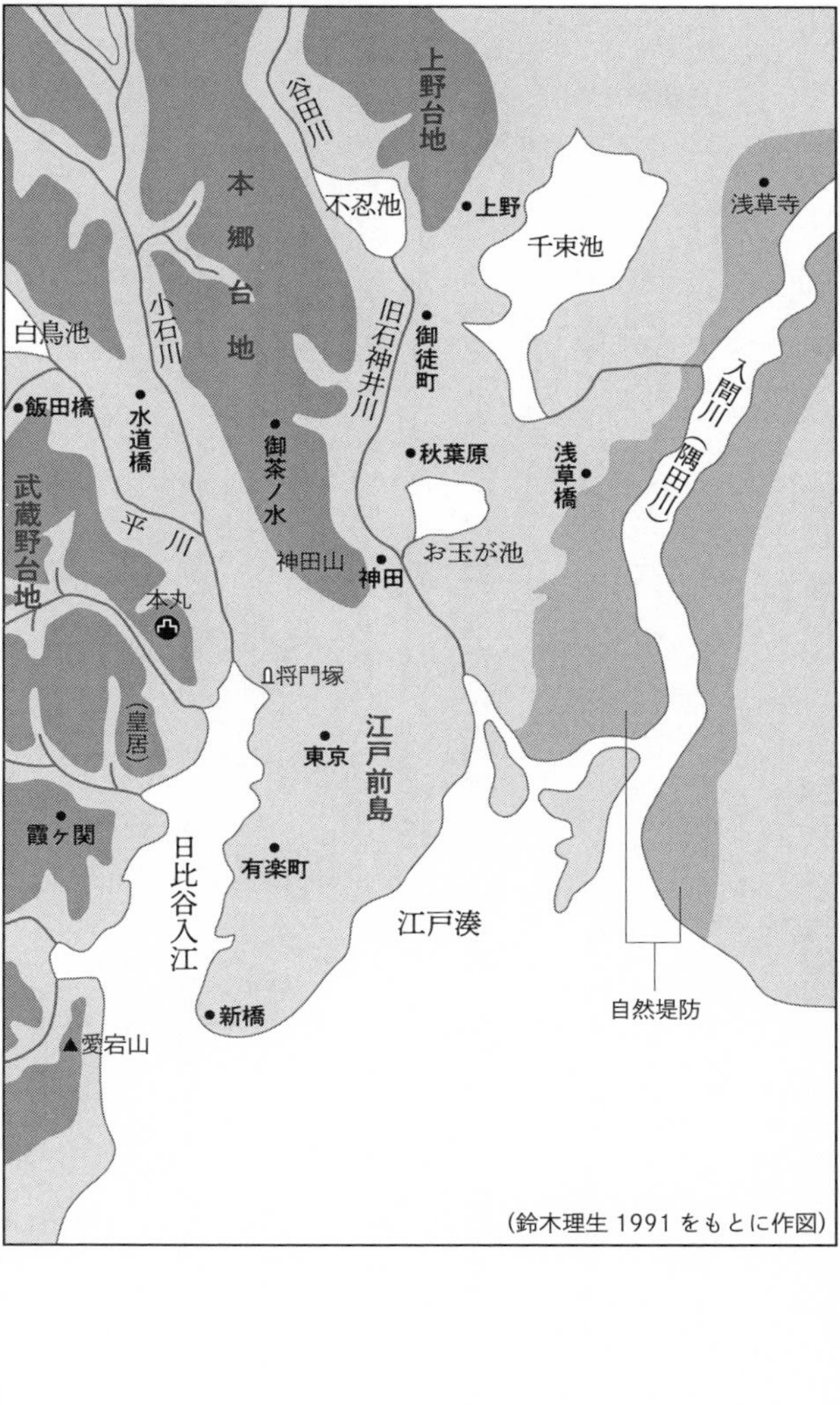

近世の江戸湊

玉井哲雄氏は、家康が江戸入部して開発に着手する直前の江戸の風景を「中世江戸城周辺の、台地上から低湿地に至る要所に、寺院を初めとする様々な勢力が拠点を置いており、その一方で街道を中心に江戸宿ないし江戸湊と呼ばれる集落が分散した状態であったとみてよいのだろう」（傍点筆者）としている。

そして、草創期は整然とした江戸町が形成されていたとは考えにくいことから、家康が天正期に行なった町割とは「寺院などの各種の勢力を移転・移住させ、中世末にすでにあった江戸宿ないし江戸湊をもとに江戸建設のための物資搬入のための湊機能をとにかく造る」ことを優先させた開発手法であったとみている。

ここで視点を変えて、隅田川河口部の西岸に広がっていたとみられる江戸郷の範囲を改めて考えてみたい。太田道灌の拠った江戸城の存在から、江戸は低地部と江戸城の築かれた台地も含めた範囲とイメージしている人が多いが、道灌以前の江戸氏の頃も、果たしてそのような広がりを持っていたのであろうか。

江戸氏の頃の江戸郷は武蔵国豊島郡に属し、その範囲は、東は隅田川河口で海を望み、隅田川の対岸は下総国《しもうさ》葛飾郡《かつしか》となる。北西部は本郷駿河台の先端まで、北東部はおよそ後世の神田川のラインまでの範囲を想定しており、小日向郷《こひなた》・千束郷《せんぞく》などと接する。南は江戸前島で西側に日比谷入江、東側は海に面していた。

問題は西側で、桜田は荏原郷《えばら》とされ、霞が関《かすみせき》を荏原郡と豊島郡の境と見る向きもあるが、私は日比谷入江に注いでいた頃の平川の流路を少なくとも鎌倉時代までの江戸郷の西の境と想定している。そして、江戸郷の中心となる地域は、前項でも記したように、現在の常盤橋と浅草橋の間に形成されている微高地と考えられ、江戸湊はその東側の海浜部と想定される。

中世の江戸湊については、前項でその変遷を記したので繰り返さないが、重要なことは江戸の領域や港湾機能は広がりを見せるが、領域としての江戸の中心地は、その後も踏襲され、近世に至っていることである。

慶長期の江戸町割全体は、日本橋通りを基準線にとっているが、本町通りと日本橋通りの交差点の町屋敷が本町通りに正面を向けるのは、先に記したように慶長期の町割の段階で、本町通りに先行する「原本町通り」がすでにあったことが想定されている（図13）。草創期の江戸町の中心は、この「原本町通り」であったと玉井氏の研究によって明らかにされている。

玉井氏は、慶長期以前の「原本町通り」沿いの状況は不明だと述べているが、慶長期以後の町割に見られる本町通り周辺の地形から、それ以前の状況がうかがえるとも述べ、次の二点に注目している。

①伊勢町堀、堀留町《ほりどめちょう》入堀、そして元吉原《もとよしわら》を取り囲む入堀の延長などの堀が南から本町通り近くまで延びている。

②本町通りが常盤橋から浅草橋に至る間で一直線でなく折れ線状に曲がっている。

このうち本項で注目したいのは①である。元吉原は、元和《げんな》三年（一六一七）から設置が許可された遊廓で、その名の通り周辺は葦原で、そこを埋め立てたものであった。それ以前は、②の折れ線状に曲がっている原本町通りに沿った部分に町屋の中心があり、その南側は海が迫り、入堀《いりぼり》も設けられており、原本町通りの町地は海からの物資搬入が行なわれていたと想定されている。

中央区日本橋二丁目遺跡からは、少なくとも寛永十五年（一六三八）までには埋め立て

図13　本町通り(原本町通り)と日本橋通り

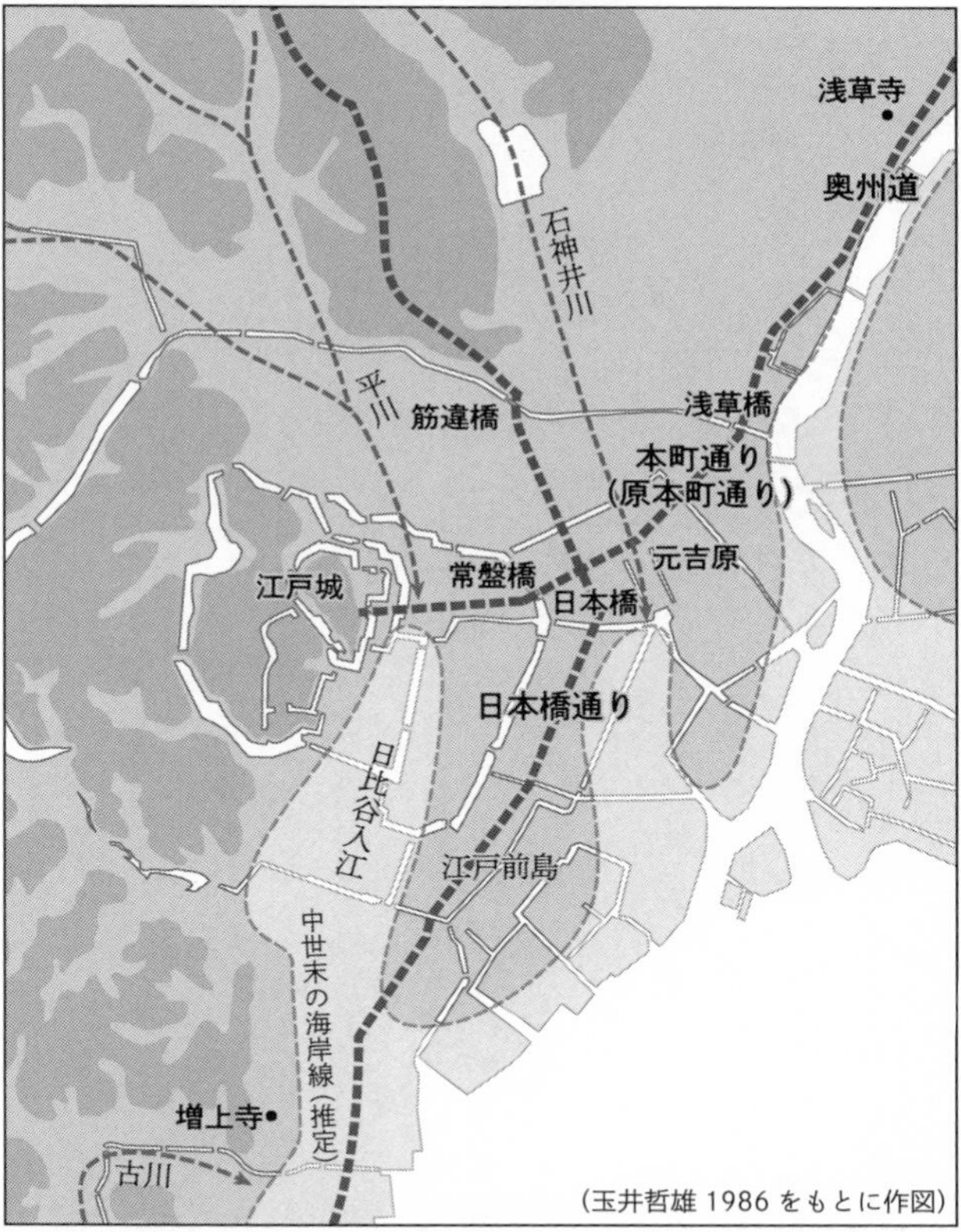

玉井哲雄氏の『江戸　失われた都市空間を読む』の「図9 中世末期江戸と発展期江戸の地形対照図」と「図10 成立期江戸町における本町通りと日本橋通り」をもとに作図した。玉井氏は奥州道から江戸城大手門までを原本町通りとし、その後に整備される本町通りは大手門までではなく常盤橋までを図示している。石神井川は、図9には図示されているため、本図でも描いたが、少なくとも中世には江戸町に注ぐように石神井川は流れていない。

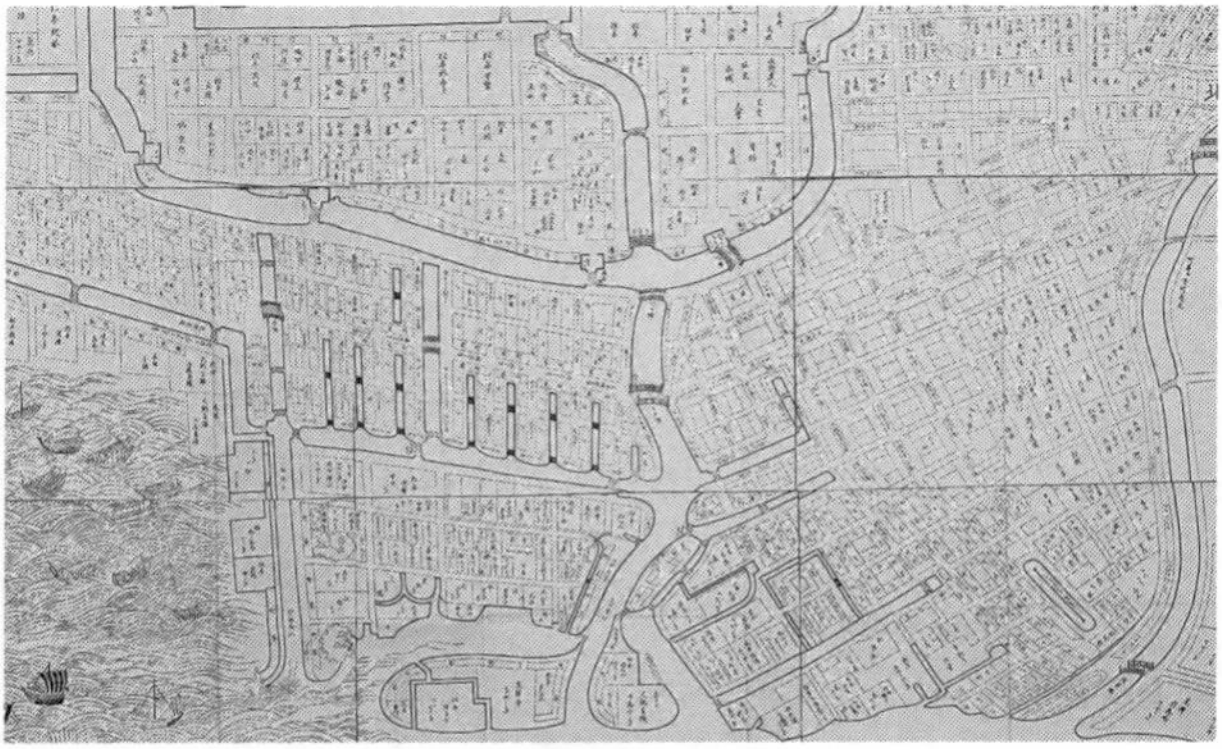

『寛永御江戸絵図』に描かれる掘割(東洋文庫蔵)

られた船着き場である入堀が発掘されており、考古学的にもそれを肯定する資料が確認されている。「江戸」地名の由来となる湊の機能が近世になっても引き続き継承されているのである。

「寛永御江戸絵図」などの江戸図を見ると、神田川から日本橋川の間の海岸部や江戸前島東岸の八丁堀界隈の埋め立て地などには、城の普請や軒《のき》を揃えてきた大名屋敷や町場に供給する資材や生活物資の搬入のために掘割などが整備されている様子がわかる。

その状況は、そのまま「江戸図屏風」の日本橋界隈の掘割に碇泊《ていはく》中の廻船から積み荷を瀬取船《せどりぶね》（小型の舟）で運び、岸へ荷揚げしている風景とうまく符号するのである（百三十ページ図版）。

水の都

ここでは歴博本「江戸図屏風」をもとに描かれている近世都市江戸と海や河川などの水辺風景に注目して当時の都市景観に注目してみたい。

江戸前の海の様子は、左隻左下に描かれている。海上に隊列を組んだ船団の大型船にはおのおの船印と幟《のぼり》を掲げ、威風堂々とした見事な「船揃い」である。ちなみに「小龍丸」と貼札されているのが将軍の御座船「天地丸」で、「大龍丸」と貼札されているのが、当時の巨大戦艦「安宅丸《あたけまる》」との説があり、「安宅丸」は本来の船容を描いていないとの指摘もあるが、同じ左隻には幕府水軍を統括した向井将監《むかいしょうげん》の屋敷も描かれ、江戸前の海上防衛や日本の制海権を守備する幕府水軍の威容が見て取れる。

江戸湊をはじめとする隅田川河口や町中の水路の様子も興味深い。さすがに江戸城の堀には船の往来の描写はないが、歴博本「江戸図屏風」でも日本橋界隈の江戸湊の賑わいは強調されている。小網町《こあみちょう》側の川岸には米俵《こめだわら》の山が所狭しと積まれ、対岸の材木町には材木が組み置かれている。新橋界隈でも同じような情景が描かれている。川面《かわも》には米俵などの荷を積んだ船が行き来し、川岸に板を渡して荷を降ろす姿や、日本橋の袂《たもと》では、船で魚を

『江戸図屏風』(部分)に描かれた日本橋(国立歴史民俗博物館蔵)

運び込み、笊《ざる》に移したり、天秤棒《てんびんぼう》で担いで商いに出かけたりする姿も見られる。

また、物資だけでなく、人を乗せた屋形船や小舟が往来するなど、江戸の豊かな海や河川、掘割などの水辺風景が描かれている。

改めて歴博本「江戸図屏風」を見直すと、三代にわたって力が注がれてきた天下普請による江戸城の石垣の運搬など江戸城と城下の建設風景は見られず、堅固な江戸城と武家屋敷からなる武家の都の姿と、陸上交通と水上交通の交わる日本橋界隈を中心として経済活動が活発な、いわば整備された江戸市中の様子が描かれている。

たとえば、米だけ見ても、巨大な都市としての構えが整った江戸にとって、全国各地から御城米《ごじょうまい》（幕府直轄地からの年貢米）や諸藩の蔵米（諸藩からの年貢米）などが廻船で江戸湾に運ばれ、米俵を小舟に積み直し、江戸湊の各所の河岸《かし》へ運搬されたことが、歴博本「江戸図屏風」から読み取ることができ、江戸の都市機能を維持する上で、いかに舟運が重要な役割を担っていたかがわかる。そして、巨大都市江戸の消費を支えたのが江戸前の海であり、隅田川河口部の江戸湊をはじめとする海に注ぐ河川だったことを歴博本「江戸図屏風」は教えてくれる。

ただし、歴博本「江戸図屏風」の描く世界が明暦の大火以前の江戸城と江戸の町場の姿をすべて表現しているわけではない。

江戸時代を研究している加藤貴氏によると、市中についてみると、歌舞伎の芝居小屋や幕府公認の遊郭吉原の場所は金雲で覆われ、市中を闊歩《かっぽ》したであろうかぶき者の往来風景や、徳川家康の江戸入部の翌年の天正十九年（一五九一）には営業を開始し、慶長の終わりには町ごとにあったといわれる風呂屋、葬式や茶毘《だび》に付す様子や下肥《しもごえ》を運搬する姿などは描かれておらず、「猥雑《わいざつ》で不浄なものはどこかに押し込まれてしまったようだ」と述べている。傾聴すべき指摘であろう。

コラム3

家康より先に江戸を整備していた北条氏

アーバンプランナー★徳川家康

家康が江戸に入部する前の江戸城周辺は、水辺に臨み、付近は葦《あし》が生《は》えた貧しい土地だった。屋敷はもちろんのこと、町をつくるのなど、とてもかなわない様相だった。城はあるにはあったが、狭い縄張りに塀も低く、粗末な造りだった。

まさに城も城下も見るべきものがなく、江戸は寒村だったと当時を記した古書が語っていた。よって、江戸が発展したのは、家康が江戸に入部し、幕府を開いた、そのおかげだとなるのである。

ここで注意していただきたいのは、近世以来、現在に至るまで、江戸城の歴史を解説した諸書の大多数は、太田道灌以降に登場する江戸城の主《あるじ》として徳川家康を登場させ、太田道灌が誅殺《ちゅうさつ》される文明十八年（一四八六）から家康が江戸へ入部する天正十

中央二基ある右側の五輪塔が伝・氏政の墓（神奈川県小田原市）

八年（一五九〇）のおよそ一世紀に及ぶ歴史を飛ばしして語っていることである。それも開府後に書かれたものを信頼するあまり、家康江戸入部以前の江戸城や江戸の村々は貧相だったというイメージを、令和の世でも再生産している始末だ。

小田原北条氏滅亡後、関東を治めるべく家康が江戸へ入部する過程で、北条氏時代の江戸城、あるいは城下の状況はもちろんのこと、領国内の交通・経済、統治システムなど詳細な情報を把握しておかなければ、新たな領国経営が立ちゆくはずもない。

北条氏四代目の氏政《うじまさ》は家督を氏直《うじなお》に譲った後も御隠居様と呼ばれ、江戸城に拠って北条氏領国の江戸・岩付《いわつき》・関宿《せきやど》領を所轄し、利根川・常陸《ひたち》川水系を掌握するなど領国支配体制の強化を図っていた。北条氏にとって江戸は、領国を維持するための重要な拠点となっていた。

コラム2でも記したように、家康は氏政の動向も含め北条氏の領国支配の状況なども知ることができる立場にあり、北条氏の旧領国を治め、経済活動を行なっていく上で、江戸という場所がどのようなところなのか、事前に把握することができた。

家康の江戸入部時の江戸を「寒村」として、その後の発展を家康の遺徳として強調するのは、源頼朝《みなもとのよりとも》の鎌倉入部と同じトリックが働いている。「江戸は一日にしてならず」。先入観にとらわれない歴史像を求めたいものである。

北条家の家紋「北条鱗」

第四章

利根川東遷事業と江戸の河川改修

〈一〉隅田川の付け替え

二筋の流れ

これまで隅田川両岸の土地の形成や歴史風景などについて記してきたが、家康が江戸に入部した時の隅田川の流れは、どのようになっていたのであろうか。

『五百年前の東京』を著《あらわ》した菊池《きくち》山哉《さんさい》氏は、『天正日記』や『葛西志』、『文政寺社書上』（幕府が町や寺社の由来や現況を提出させた報告書）などの史料を用いて、次のように述べている。

『天正日記』八月十二日条

小むめより権右衛門かへる、水出さきつよく、つゝみふしん申付候由、ほり長千五百七十間《けん》つゝみつきたて、明日よりはじむべし。

この条に見られる「ほり長千五百七十間」約三キロメートルもの「つゝみふしん」、つまり堤《つつみ》普請《ふしん》をした場所について、『葛西志』に記されている「鶴土手」（現在の墨田区向島《むこうじま》地蔵通り）と推定している。

さらに、三囲《みめぐり》神社の縁起に慶長《けいちょう》年間の洪水で今の地へ移ったとある（現在は墨田区向島に移座）ことと、『文政寺社書上』の延命寺の項に、「旧地大川中島に有之由の処、御入国後は川一筋に堀割に相成候節」という記事に注目し、隅田川の流れが寺島《てらじま》（現在の墨田区東向島・堤通）のところで二つに分流していたが、東の流れを堤で仕切り、西側の一筋の流れにしたと論じている。以下、菊池山哉氏の説を点検してみたい。

左下に見えるのが三囲神社の鳥居。神社の正面は、本来、隅田川に向いていた（『東都三十六景』国立国会図書館蔵）

『新編武蔵風土記稿』「三圍《みめぐり》稲荷《いなり》社」（巻之二十二　葛飾郡之三）の項には、「慶長年中堤を築かるゝ時又今の地に移されしといふ、舊地《きゆうち》は今荒川の中に入と云」とあり、洪水は明記されていないが、慶長年間に神社の移座と堤を築いたことが記されている。これは洪水が起きたことを想起させ、慶長年間の洪水で三囲神社が今の地へ移ったという菊池氏の指摘は肯定できよう。

また、菊池氏も引いた『葛西志』の「鶴土手」は、「巻之十七　西葛西領　本田筋之一」の「請地《うけじ》村《むら》」項のことであるが、以下その該当箇所を引いてみると、現在の隅田川である「浅草川」から「洲《す》崎《さき》寺島両村の境」となるところにかつて大河であった「古川《ふるかわ》跡」があり、『葛西志』が著された頃には、「よしかやのみはへりし小溝」で、鷭鷹場《ばんようば》（御《お》鷹場《たかば》）となっている。夏・秋季の雨で増水する様子を見ても、「古川」と呼ばれる大河の跡や「鶴土手」の存在がうかがわれるとし、「鶴土手」については、幅も広く、高さ一丈程（約三メートル）もある堤であると記している。

『葛西志』では「請地村」について、「その名義も詳《つまび》らかならず」としているが、『新編武蔵風土記稿』「請地村」（巻之二十二　葛飾郡之三）の項をみると、「請地は浮地《うきち》なり、元大河に邊せし地なれば浮地の義を以《もって》村に名つけしを、假借《かしゃく》して今の字を用ゆ」と記し、続いて「小名《しょうみょう》に沖田《おきた》一本木《いっぽんぎ》等の名残れり、沖田は蒼海《あおみ》の變より起り一本木は船埋まり帆柱の残りたるより唱へ來ると云、今も艮《うしとら》（北東）の方寺島村入會《いりあい》の地に古《いにしへ》の潮除《しおよけ》堤遺《のこ》れり」とある。

そして、同書「請地村」の「古川」の項には、「坤《ひつじさる》（南西）の方にあり村内にて北十間《きたじっけん》川《がわ》に属す、今は萱生茂《かやおいしげ》りて鷭の御鷹場となれり」とあり、さらに「鶴土手」の項には、「艮の方寺嶋村入会の地にあり、往古の辺大河なりし頃の潮除なりしと云」と記されている。請地村の「請地」とは、「浮地」のことで、仮借して「請地」と書かれていることがわかる。そして、「浮地」とは元は大河だったところで、小字名《こあざな》の沖田や一本木も海や船などとのかかわりで名が残ったとしている。ちなみに、請地村があった地は、現在の東京スカイツリーの北側、押上《おしあげ》一・二丁目と向島四・五丁目付近となる。

「鶴土手」については、基本的に『葛西志』と同じ記述であるが、『新編武蔵風土記稿』では「潮除堤」と明記し、小字名も合わせ『葛西志』より海辺とのかかわりが意識された記述となっていることが注意される。須崎《すさき》（現在の墨田区向島）側の堤の記事がないことからも、築堤の目的は河川の増水に備えて両岸に築く堤ではなく「潮除」にあったものと考えられる。

かつての隅田川本流

図14は、菊池山哉氏の『沈み行く東京』の図をもとに「鶴土手」を黒丸で示したもので、隅田川から北十間川にかけて斜めに連なる鶴土手の様子が確認でき、その南側が古川跡となり、細い川筋として描かれている。

この古川跡とされる流れが、寺島から二分される隅田川の東側の流路である。菊池氏は、慶長年中の洪水時に「ほり長千五百七十間」に及ぶ鶴土手が築堤されたとし、同じ慶長年中にこの東側の流路を堤で仕切り、西側の一筋にしたと推定した。

つまり、古川跡は家康江戸入部時に存在していた隅田川の流路であり、しかも本流であった。現在の墨田区牛島《うしじま》神社（関東大震災後、少し南へ移座）の鎮座する向島地域は、永禄《えいろく》二年（一五五九）の「小田原所領役帳」（北条 氏康《ほうじようじやす》が作らせた家臣団名簿のようなもの）に「富永弥四郎　百五拾貫文　江戸　牛島四ヶ村」とあるなど武蔵国に属していた。このことも武蔵国と下総国の境が、牛島神社の東側を流れる河道となっていることを裏付けていよう。

中世までは須崎辺りが武蔵《むさし》国、寺島辺りが下総《しもうさ》国であり、その武蔵・下総両国の境は隅田川の東側の川筋であった。現在の墨田区向島五丁目辺りから隅田川が東西に分流し、墨田区向島は三角州状を呈しているが、その所属は武蔵国だったのである。本来の隅田川の東へ落ちる流れなくしては、亀戸《かめいど》（江東区）の東西に発達する砂州の形成はありえなかった。亀戸の砂州も失われた隅田川の流れを裏付けていよう。

慶長年中に須崎から東西に分流していた隅田川筋の東側を仕切ることで、今の隅田川の川筋となったのである。須崎と寺島の新たな隅田川本流の左岸の堤を見ると、寺島の白鬚《しらひげ》

図14　向島明治初年ノ実測図

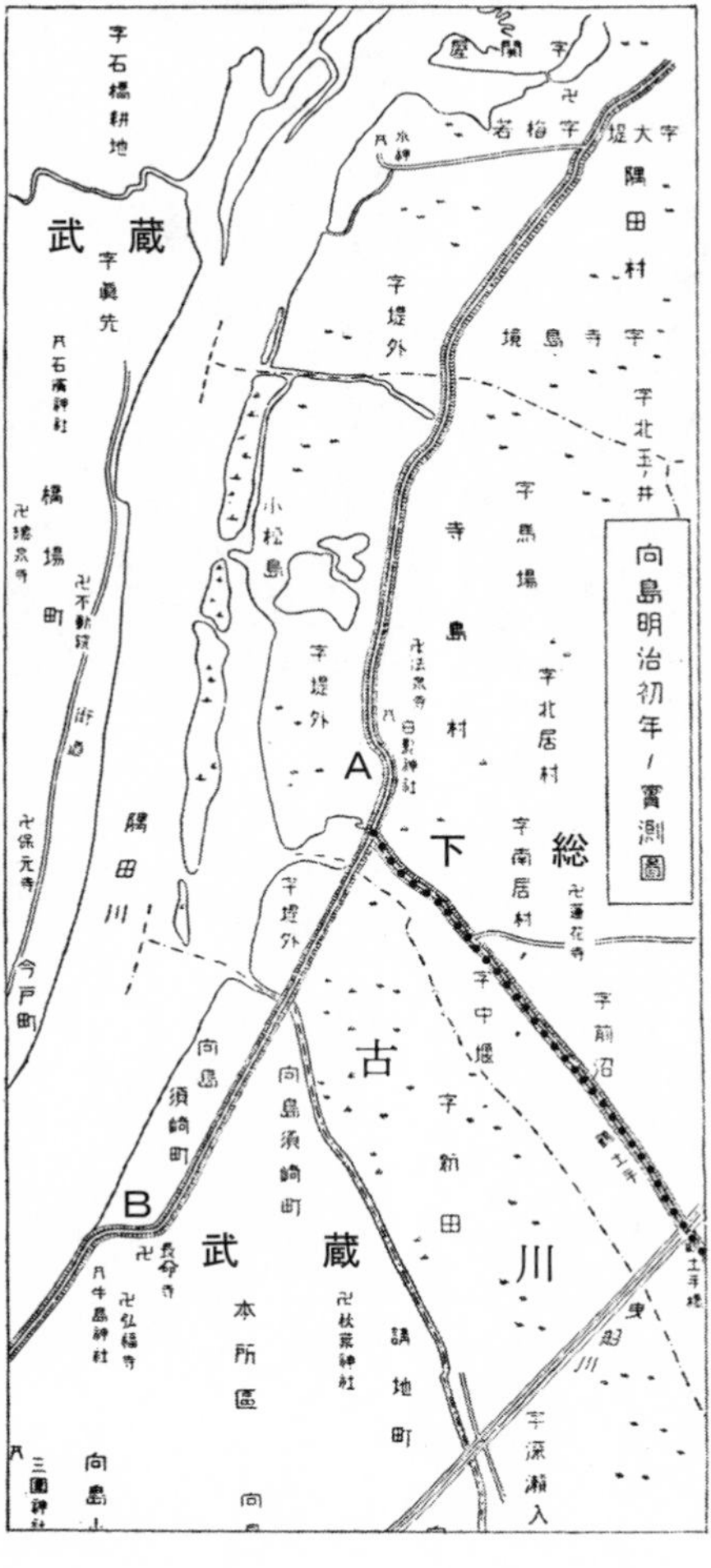

神社辺り（図14A）のところと須崎の長命寺《ちょうめいじ》辺り（図14B）のところで東側に折れている。ここが元の本流を仕切った堤と思われる。

請地村（図14では請地町）の範囲がかつての隅田川の東側の流れの川筋や河原の範囲を示すものと考えられるのである。そして、その川筋は北十間川と同じように中川に接続して

かつての武蔵国と下総国の境にある鳩の街商店街

いた可能性が高い。

東へ落ちていた元の隅田川の本流は細流化とともに隅田川としての記憶は失われていくが、境界の記憶だけは受け継がれ、近代になると東京市と東京府南葛飾《かつしか》郡の境、そして本《ほん》所《じょ》区と向島区を分ける境となっていく。今の墨田区の向島と東向島の境にある「鳩の街商店街」が、かつての武蔵と下総両国の境であり、隅田川本流の故地にあたる。

家康は大規模な河川工事をいくつか行なっているが、この隅田川の川筋の東側を仕切り、西側一筋に河川の流れを変える瀬替え、つまり隅田川の改修工事はあまり評価されず、利根川東遷事業のみが注目されているのが現状である。

菊池山哉氏は、『天正日記』の家康江戸入部時の水害のためかどうかわからないとしているが、後項で触れる上流部や小名木川《おなぎがわ》・新川《しんかわ》の整備などの治水事業とともに江戸建設の一大プロジェクトとして取り組まれた事業であるという視点が重要であると考える。なぜならば、この隅田川の付け替えによって、日本橋川や神田川と連結する新しい流路ができたことで、隅田川筋と江戸の町場を結ぶ舟運の利便性が向上した。それとともに、隅田川を介して小名木川を経《へ》て江戸川とも繋がる舟運の航路が確保されることになったのである。

さらに近世江戸城の東縁の防御ラインとしても重要な意味を持ったのではないだろうか。隅田川の付け替えを単に水害対策や単独事業ととらえてしまうと、このような関係性を見いだすことができなくなってしまう。

両国架橋

それにしても行政的に武蔵国への編入の正式な時期が明確に記されず、また江戸後期に津田敬順が書いた紀行文『遊歴雑記』で述べられ、『新編武蔵風土記稿』にも紹介されている貞享《じょうきょう》三年（一六八六）という年代も気になるところである。

挿絵入りの名所案内『江戸名所図会』などを著した斎藤月岑《さいとうげっしん》が、嘉永《かえい》三年（一八五〇）に天正《てんしょう》十八年（一五九〇）から明治六年（一八七三）までの江戸・東京の出来事を編年体でまとめた『武江年表《ぶこうねんぴょう》』（正編）を発表しているが、ここにも以下のように記述されている。

『武江年表』貞享三年丙寅《ひのえとら》

閏三月　利根川西を武蔵とし、東を下総と定め給《たま》ひ、葛飾郡二ヶ国に分る（両国橋より東深川本所の地は、葛飾郡西葛西領にして上代武蔵国なりしが、中古下総に属せり。今年昔のごとく武蔵国に属せし給へり）。

先の『遊歴雑記』にも書かれていたが、江戸市民に貞享三年（一六八六）を意識させるような事象があったのであろうか。家康の江戸入部頃の状況は、正式な記録がなければ伝わらず、あいまいな伝聞が巷《ちまた》に流布してしまったのであろう。このことを如実に示す例が、隅田川に架かる両国橋である。

幕府の編纂した『御府内備考《ごふないびこう》』の「両国橋」（巻之七　御曲輪内之五）の項には、「此橋萬治《このはしまんじ》三年庚子《かのえね》に初てかゝれり。（略）本所は古《いにし》へ下総に属せし地なれば、その因をもて後に兩国橋《りょうごくばし》と名付けられしといふ」と記されている。

一説には、両国橋は万治《まんじ》二年（一六五九）に架けはじめ、翌三年にできたともいわれて

八代将軍吉宗の世には江戸でも屈指の盛り場となる両国橋。今に続く花火大会も開催されるようになった（『両国納涼花火ノ図』国立国会図書館蔵）

いるが、『御府内備考』に見られる「萬治三年」は西暦一六六〇年であり、両国橋は家康の江戸入部から七十年も経《た》って架けられたことになる。先に記したことを思い出してほしい。

家康江戸入部から両国架橋までの間に、武蔵国と下総国の境だった隅田川はその流れを替えているのである。隅田川は現在の川筋と、東岸の寺島と須崎の間で東へ落ちる川筋があり、この東の流れが本来の武蔵・下総両国の境であり、本流であった。

家康の江戸入部以降、隅田川の改修によって東の流れを締め切り、今の西に落ちる隅田川の川筋が本流となったことはすでに述べたとおりで、東へ落ちていた本来の隅田川の川筋は細流化とともに隅田川としての記憶は失われていくが、隅田川のもつ境界としての記憶だけは江戸の人びとに受け継がれていく。

『慶長見聞集』巻之九「武蔵と下総の国堺の事」でも、牛島を旧下総国として記しており、かつての隅田川の流れは忘れ去られている。隅田川が武蔵国と下総国の境という記憶だけが江戸の人びとの間に残り、現代にまで語り継がれて、今の隅田川の流れを指して「川向こうは下町ではない」と口にする人がいるのである。

〈二〉東遷以前の河川と治水

江戸人と利根川

河川は「地域を画する境となる」し、「川の上流と下流、そして川を渡って対岸と行き来することもでき地域と地域を結びつける」ことから、両義的な二つの性格を持っている。川があるから国境をなしていたとしても、それによって交通が遮断《しやだん》されることはない。隅田川を含め、東京低地の河川は海と内陸とを結ぶ交通路として重要な役割を果たしてきた。

家康は江戸入部後、江戸城と江戸の城下を水害から守り、また河川を用いた舟運の利便性を高めて江戸への物資の搬入を確保するために、治水事業も積極的に進めた。

文禄《ぶんろく》三年（一五九四）に会《あい》の川《かわ》（かつての利根川の流路の一つ）の締切《しめきり》工事が行なわれた。当時、利根川は現在の羽生《はにゆう》市で二つに分かれており、南へ流れていた会の川を締め切ることによって、東へ現在の銚子《ちようし》へ流れるように流路を付け替えた。この工事を皮切りに付け替え工事が行なわれ、承応《じようおう》三年（一六五四）に北関東から江戸、さらに太平洋沿岸部と江戸を結ぶ舟運の大動脈が完成する。この一連の治水事業は利根川東遷事業と呼ばれ、説明されてきたが、近年の研究も踏まえ、後項でくわしく述べることにしたい。

ここでは東遷した利根川を江戸の人々がどのようにとらえていたのかをはじめに確認しておきたい。江戸幕府が編纂した『新編武蔵風土記稿』の「葛飾郡」の「利根川」の項によると、上野国《こうずけ》利根郡から発することから利根川と呼ばれ、葛飾郡内の河川の多くはこの利根川の支流であるとされ、利根川は「六十餘《よ》州三代大河の一」と称されるところから、世間では「坂東太郎《ばんどうたろう》」とも呼んでいると記されている。

利根川は武蔵国埼玉郡中新井村（埼玉県北埼玉郡大利根町）と下総国葛飾郡中田宿《なかだ》（茨城県古河市《こが》）との間にあたる上利根川と渡良瀬川《わたらせがわ》の合流辺りから葛飾郡に入り、日光道中の利根川の渡河地点となる栗橋関所《くりはし》（埼玉県久喜市《くき》）・房川渡《ぼうせんのわたし》（茨城県猿島郡五霞町《さしまごかまち》）辺りから南に流れ、その後、二つに分流する。

二つの流れのうち下総国の方を赤堀川《あかほりがわ》と呼び、その下流を中利根、下利根などとも称し、常陸国銚子浦で海へ注ぐ。もう一つの流れは、下総と武蔵の国界《くにざかい》を南流して権現堂村《ごんげんどう》（埼玉県幸手市《さって》）のところで東南に屈曲し、吉羽《よしば》・木立《きだち》・惣新田《そうしんでん》（埼玉県幸手市）などを経て、下総国関宿《せきやど》（千葉県野田市）に至り、下総国庄内領《しょうない》（庄内古川《ふるかわ》の右岸の村々）を斜めに南流して二郷半領《にごうはんりょう》丹後村《たんご》（埼玉県三郷市《みさと》）に至って再び葛飾郡に流れ、さらに松戸《まつど》の渡し（千葉県松戸市・葛飾区金町《かなまち》）、市川《いちかわ》の渡し（千葉県市川市・江戸川区小岩《こいわ》）、今井《いまい》の渡し（江戸川区今井・千葉県市川市）を経て、葛西領長島村（江戸川区葛西）と下総国堀江《ほりえ》村（江戸川区堀江）の間を流れて海へ注いでいると記している。

途中、権現堂村の記述の所では、東南に屈曲する辺りを権現堂川と呼び、屈曲によって川の水の勢いが激しくなる箇所なので長さ五百間（約九〇〇メートル）、高さ一丈八尺（約五・四メートル）の堅固な大堤を築いたことが記され、その築堤の工事が行なわれたのは天正四年（一五七六）とされている。『新編武蔵風土記稿』が編纂された時点では、権現堂川が利根川の本流の一部であり、部分呼称としてそのように呼ばれていたことがわかるとともに、権現堂川の築堤が家康江戸入部以前の天正四年に行なわれていることが注目される。

幕府編纂ではなく、天保《てんぽう》七年（一八三六）に刊行された『江戸名所図会』の「新利根川」の項には、「萬葉集《まんようしゅう》刀禰《とね》に作り、活字板源平盛衰記利根と作れり」と書かれ、「或人云《あるひというう》、利根川ハ上野国利根郡文殊嶽《もんじゅだけ》より発す、故《ゆえ》に文殊の知恵、利根《りこん》の意をとると、是《これ》、大いなる附会の説なるへし、皇朝、文字を借用る事往々其《その》例あれハ、刀禰を利根に作るともあやしむへからす」と、「とね」の表記について触れ、古の用例を列挙しつつ、「刀禰とハすへて物の冠たるを称揚する辞なる事なり、是等《これら》によりてあきらかなりと知るへし」と述べている。

さらに、「一流ハ北総に入、関宿、木颪《きおろし》等の地に傍《そ》ひて東流し、銚子に至り海に帰す、是を利根川と号《なず》く（坂東太郎と字す）、一流ハ武蔵・下総の間を南に流れ、国府台《こうのだい》の下を行徳《ぎようとく》の方へ曲流し、海水に帰せり（是を新利根川と称す）。」と記されている。

この記述によって、利根川が関宿から分流される二つの流れを双方とも広義には「坂東太郎」ととらえながらも、狭義には銚子方面の東の流れを「坂東太郎」、行徳方面（千葉県市川市）への流れを「新利根川」と呼んだことがわかる。つまり、利根川が関宿から分流した二つの流れのうち、関宿から銚子への流れが東遷事業後の利根川の本流筋にあたり、関宿から行徳への流れを狭義に「新」「小」を冠して、「新利根川」や「小利根川」と本流筋と区別した呼称が用いられていた。

そして、「されハ此川《この》も関東第一の洪河《こうが》なる故《ゆえ》に、関東の冠たる意をもて、刀禰とハ号たりしなるへし、世俗、筑後川《ちくごがわ》を西国太郎といひ、此河を坂東太郎ととなへ皇朝一双の大河と称するも、其意同しかるへし」と、「坂東太郎」とは「筑後川を西国太郎」と呼ぶように、関東第一の大河であるがゆえに称されるとしている。

家康以前の治水事業

前項で注目したように、『新編武蔵風土記稿』に権現堂川の築堤が、天正四年（一五七六）に行なわれたと記されており、家康の江戸入部以前の小田原北条氏時代から利根川の治水工事は行なわれていたことがわかる。

いわゆる利根川東遷事業が行なわれるまでは、先にも記したように利根川本流である古利根川が東京下町地域に流れ込んでいた。南下した古利根川の流れは、埼玉県の東部を過ぎ、現在の葛飾区水元《みずもと》から亀有《かめあり》に至り、亀有で中川《なかがわ》筋と葛飾区と足立区の境となっている古隅田川の川筋とに分流し、古隅田川筋は隅田川に合流、中川はそのまま南流して海へと注いでいた。この水元・亀有から古隅田川筋が古代・中世の武蔵と下総国の境となっていた。現在の東京都葛飾区と足立区の蛇行した区境は、その流路の名残《なごり》である。

隅田川以東の現在の葛飾・江戸川・隅田・江東区域は、平安時代後半から近世にかけて歴史的に「葛西」と呼び習わされてきた。「葛西」とは下総国葛飾郡の解体に伴って、新たに下総国葛西郡として再編成されたもので、近世には武蔵国葛飾郡葛西領と呼ばれた。

享徳《きょうとく》三年（一四五四）に勃発した享徳の乱によって東国が戦乱の世を迎える。鎌倉《かまくら》公方《くぼう》の足利成氏《あしかがしげうじ》と室町《むろまち》幕府・関東管領《かんとうかんれい》とが敵対し、成氏は鎌倉を退去後に下総古河《こが》に拠った。そのために古河公方と呼ばれるが、この乱以降、葛西は太日川《ふとひがわ》（江戸川筋）を挟んで東方に陣取る古河公方の勢力と対峙する最前線となった。この頃、葛西には山内《やまのうち》上杉氏（関東管領職にあった上杉家筆頭）によって葛西城が築かれる。

十六世紀前半になると、相模《さがみ》から武蔵へ進出してきた小田原北条氏によって葛西城は奪取される。葛西地域を治めた小田原北条氏は、葛西堤の修築を命じている。「（天正七年）己卯《きぼう》二月九日付北条家印判状」（「遠山文書」）には、江戸城を本拠として編成された江戸衆の筆頭である遠山氏らに受け持つ範囲を定め、堤を修築するよう命じている。

実は、葛西に流れ込む河川にはそれ以前から堤が築かれていたようである。天正七年（一五七七）よりも三十年前の永正《えいしょう》六年（一五〇九）に葛西を訪れた連歌師の宗長《そうちょう》が著した紀行文『東路《あづまじ》のつと』に、「市川・隅田川二つの中の庄なり、大堤四方廻りて、山路を行く心地し侍《はべ》りしなり」と史料の要約を記しており、小田原北条氏よりも前の上杉氏時代にすでに葛西地域を取り囲むように堤が築かれていたことがわかる。

先に紹介した太田道灌時代の江戸城に掲げられていた漢詩板に、平川に沿って堤がめぐらされていることも確認できることから、江戸や葛西などの低地の開発を行なう場合は、堤を築くことは必須《ひっす》であったようだ。

戦国期は各地に城郭が築かれるなど、日本の土木技術と建築技術が飛躍的に向上した時代でもある。特に、織豊《しょくほう》期の城郭は、それまでの城郭とは異なり、高層の天守や瓦《かわらぶ》葺き建物、石垣や大きな堀など、大規模な縄張りと作事が行なわれている。

新しい土木技術と建築技術を持った家康が江戸に入部して、江戸城や城下、そして周辺の治水事業を進めていく。最先端の技術を家康の家臣たちは保持していたが、それだけでは開発は思うようには進まなかった。作業に駆り出され従事する地元民の力量も工事の進展を左右したのではないだろうか。

〈三〉関東内陸部と太平洋を結ぶ利根川東遷事業

従来の利根川東遷事業の評価

江戸時代以前は、利根川《とねがわ》、渡良瀬川《わたらせがわ》、鬼怒川《きぬがわ》はおのおの別の流れであった。利根川は古利根川筋を流れ、渡良瀬川は庄内古川から太日川《ふといがわ》に落ち、各々今の東京湾に注いでいた。鬼怒川は霞《かすみが》ヶ浦《うら》・印旛沼《いんばぬま》・手賀沼《てがぬま》一帯が形成する内海（香取《かとり》の海）に流れ込み、銚子で外海へ注いでいた。

荒川も綾瀬川に流れ、葛飾区水元《みずもと》辺りで利根川の下流と合流し、今の東京湾に流れ込んでいた。これらの川は洪水のたびに川筋を変える暴れ川で、埼玉県の川俣（埼玉県羽生市）辺りから八甫《はっぽう》（埼玉県久喜市）辺りは、幾筋もの河道が形成され、複雑に流れている。

利根川の東遷工事をまとめてみる（図15）。

家康の江戸入部後の文禄三年（一五九四）、まず利根川の旧流路である会《あい》の川《かわ》（現在、流路は埼玉県加須《かぞ》市と群馬県邑楽《おうら》郡板倉町の境界）の締切工事が行なわれる。元和《げんな》二年（一六一六）に家康は死去するが、江戸城と城下、そして関東平野の大河川の治水事業は継続され、元和七年（一六二一）には渡良瀬川に合流する浅間川の分流を直線状にショートカットさせる新川通《しんかわどおり》を開削し、これに利根川本流を通した。また権現堂川《ごんげんどうがわ》を拡幅し、以後は新川通から権現堂川・太日川を経て江戸の内海（東京湾）に至る流路が利根川の本流となった。

承応三年（一六五四）には赤堀川《あかほりがわ》が開削され、利根川の流れが常陸川《ひたちがわ》へ落ち、銚子で海へ注ぐようになり、北関東から江戸、さらに太平洋沿岸部と江戸を結ぶ舟運の大動脈が完成する。さらに寛文《かんぶん》五年（一六六五）に権現堂川・江戸川・赤堀川・常陸川を繋ぐ逆川《さかさがわ》を開削するなど、江戸川から新川《しんかわ》・小名木川《おなぎがわ》を通って江戸と連絡する航路の拡充が図られるなど、その後も部分的な改修が行なわれていく。この文禄三年（一五九四）の会の川の締切工事を嚆矢《こうし》に、承応三年に至る一連の治水事業を「利根川東遷事業」と呼んでいる。

内務省の役人だった栗原良輔氏は、昭和十八年（一九四三）に著した『利根川治水史』で、利根川東遷事業の目的を、①古利根川沿岸地方の開拓、②利根川を以《もっ》て江戸城の外濠《そとぼり》とする東北の伊達《だて》藩に対する防御、③年貢米輸送などの舟運とその監視、④江戸の洪水対策の四項目に整理している。その後、この評価が利根川東遷事業の目的となり、定説として流布していくことになる。

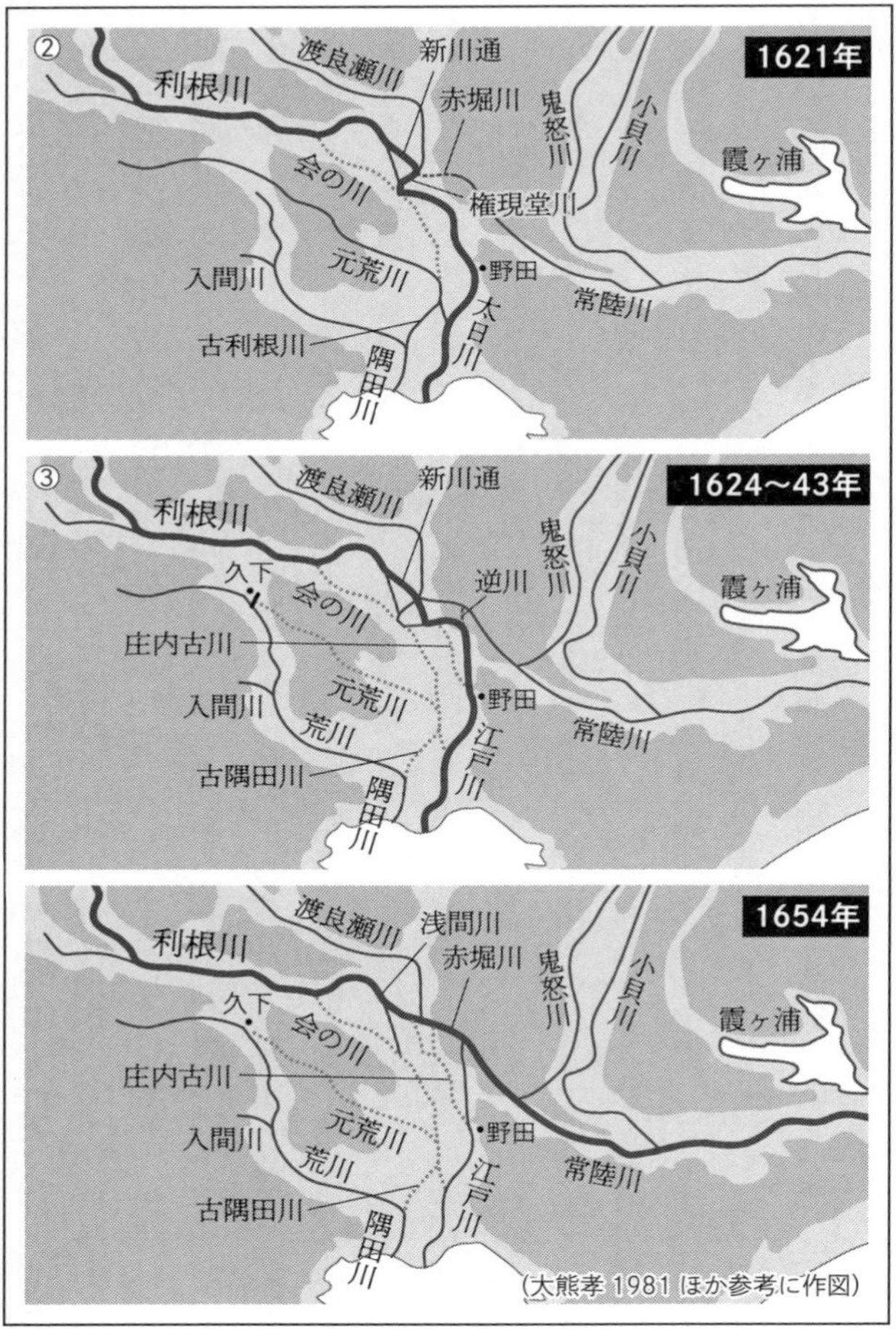

(大熊孝 1981 ほか参考に作図)

図15　利根川の東遷

①文禄３年（1594年）**会の川の締切**

利根川 → 浅間川 → 古利根川 → （赤堀川） → 古利根川

②元和７年（1621年）**新川通の開削、赤堀川の開削開始**

利根川 ↗ 新川通 ↘ 渡良瀬川 ↗ （赤堀川） → 常陸川
利根川 ↘ 浅間川 ↗ 渡良瀬川 ↘ 権現堂川 → 庄内古川（権現堂川 ↗ 常陸川）

③寛永年間（1624〜1643年）**庄内古川の締切、逆川、江戸川の開削**

利根川 ↗ 新川通 ↘ 渡良瀬川 ↗ （赤堀川） → 常陸川
利根川 ↘ 浅間川 ↗ 渡良瀬川 ↘ 権現堂川 → 江戸川

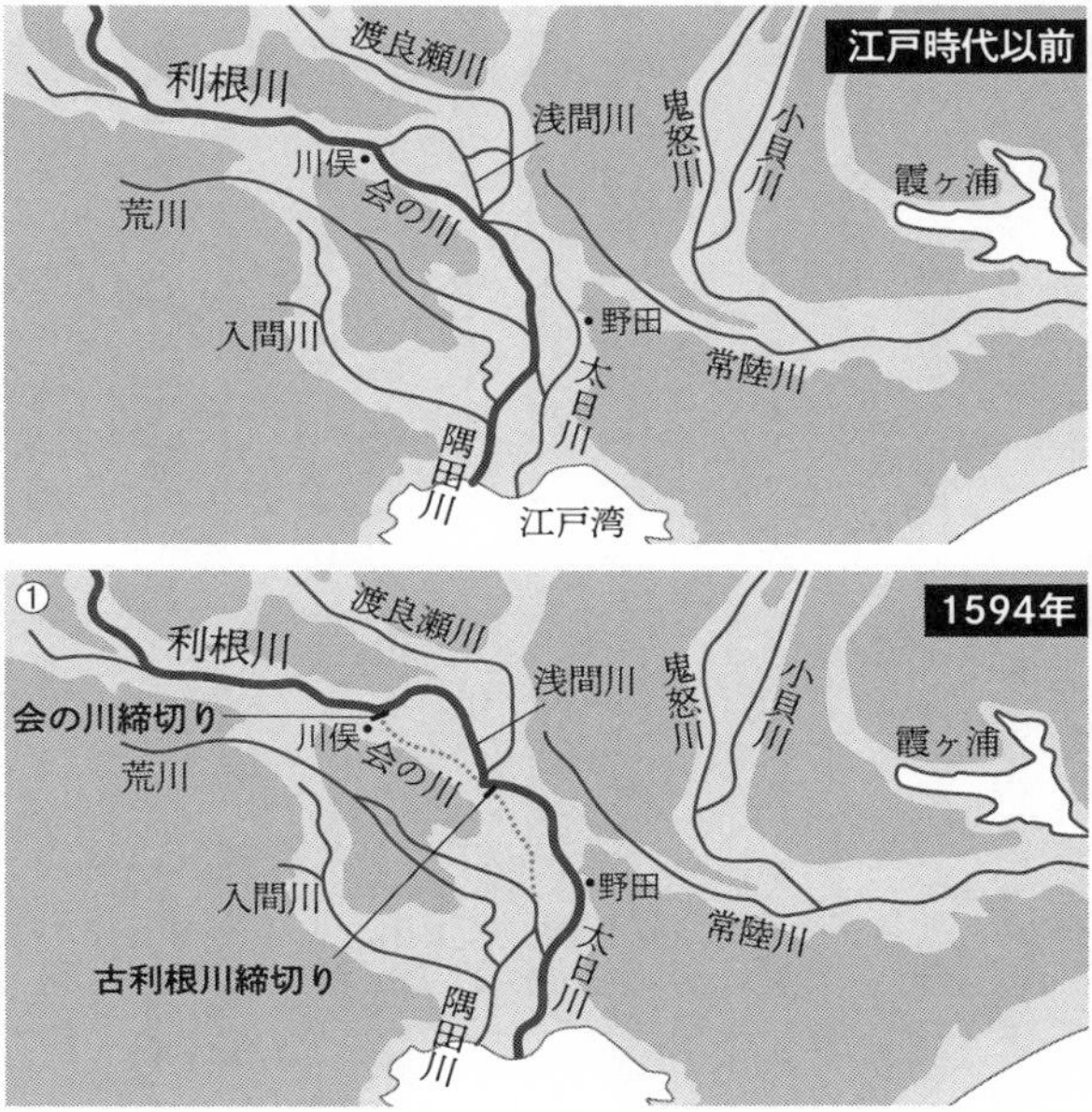

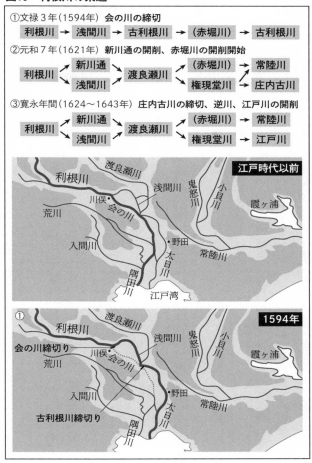

利根川東遷事業の再検討

昭和四十年（一九六五）代頃から従来の利根川東遷事業の評価について再検討を迫る研究が提示されてくる。大熊孝氏は昭和五十六年（一九八一）に『利根川治水の変遷と水害』を著し、栗原氏の指摘した評価について再検討を加えている。

①については、会の川の締め切りによってはじめて古利根川の沿岸の開発が可能になったとするが、浅間川や元荒川の締め切りが埼玉平野の開発の可能性を高めたことは否定しないが、埼玉平野の中央を利根川と荒川の主流が流れているのを人為的に東西へ移して開発したとするのは、当時の自然条件を巧みに利用して開発を行なう発想とはかけ離れた、論理の飛躍である。

②は、すでに利根川の主流が流れているので、その流れがそのまま一大外濠となり得るのであって東遷事業の目的として行なう必要はない。

④の江戸を水害から守るとするのは、東遷事業の遂行によって決定的な改善がなされたわけではない。天明《てんめい》六年（一七八六）と享和《きょうわ》二年（一八〇二）に権現堂堤が破堤し、江戸も大きな被害を受けたので、それ以降、幕府も利根川による江戸洪水に注意を払うように

なるが、増水して堤を破って濁流となった流れは、輪中《わじゅう》と呼ばれる水害から村や耕地を守るために堤をめぐらした堤防地帯の連なる埼玉平野を流下するので、一気に江戸に氾濫《はんらん》流《りゅう》が到達することはなかった。

①②④についてこのように述べ、利根川治水の真の狙いは中条堤《ちゅうじょうづつみ》（埼玉県熊谷市）と酒巻《さかまき》（埼玉県行田市）・瀬戸井《せどい》（群馬県千代田町）の狭窄部《きょうさくぶ》にあったと指摘している。利根川右岸の中条堤は、左岸の文禄期に築かれた堤とともに上流に向かって広がるように妻沼低地を漏斗《ろうと》状に囲むように築かれている。川幅が急に狭くなっている酒巻・瀬戸井の狭窄部によって、氾濫した水はその上流の中条堤で仕切られているところに溜《た》まるようになっていた。

では、③について栗原氏はどのように述べているのであろうか。利根川と常陸川は天然の運河であり、関東地方のみならず東北地方も江戸の経済圏に組み込もうとする江戸幕府の構想を実現するためには欠かせない存在であった。すでに利根川と常陸川は天正年間（一五七三～九二）に逆川を通じて航路があった。しかし、常陸川が低水量であったため、安定的な大型船の航行を確保するには、常陸川の水量を増やす必要があった。そのために利根川の水を常陸川に引き込む必要があったとする。

元和七年（一六二一）から新川通・赤堀川の川幅の拡張がはじめられ、常陸川の鬼怒川《きぬがわ》合流点までを改修、さらに寛永期に新川通の拡幅を行ない、浅間川を高柳《たかやなぎ》（埼玉県久喜市）で締め切り、赤堀川に利根川・渡良瀬川の水を集中させ、通水を図っているという。しかし、赤堀川の通水はうまくいかず、寛永六年（一六二九）に鬼怒川の流れが落下する箇所（落口《おちぐち》）を上流部へ付け替えたことで、常陸川の三〇キロメートルに及ぶ航路を延長することができ、常陸・下野から江戸へ航路も短縮することが適《かな》った。そして、承応三年（一六五四）に赤堀川の川幅をさらに拡張して、常陸川への安定した通水が確保され、舟運の利便性が高まった。

すでに天正期（一五七三〜一五九一）には逆川には舟運が確保され、元和《げんな》七年（一六二一）の常陸川や寛永六年（一六二九）の鬼怒川の諸工事によって舟運路の整備が進展していた。大型船は航行できなくとも小舟が通航する江戸と常陸・下総を結ぶ重要な航路として存在しており、一連の工事は大型船の航行を可能にし、江戸と内海から外房へ迂回《うかい》せず、銚子で太平洋と結ぶ安定した航路の確保が目的であったと述べている。

また、寛永六年（一六二九）の荒川の締め切りについても、久下《くげ》（埼玉県熊谷市）で古利根川筋と分離させて和田吉野川（埼玉県北部を流れる一級河川）に落としたといわれるが、すでにこの時期の荒川は古利根川筋へ流れる流量は少なく、和田吉野川に流下していたと考えられるという。というのも、元荒川に設置された農業用水の瓦《かわら》曽《ぞ》根《ね》溜井《ためい》（埼玉県越谷市）は寛永六年以前の慶長期（一五九六～一六一四）に造られたといわれており、瓦曽根側の流れが本流だったら工事は不可能だったとしている。関東諸河川の締め切りなどの付け替え工事は、古利根川や元荒川の幹川としての流量がすでに自然に失われたり、減じたりしていたことも考慮する必要があるという。

〈四〉太日川から江戸川へ

江戸川の開削

寛政《かんせい》十二年（一八〇〇）に刊行された鹿島《かしま》の名所・風俗について書かれた『鹿島詣文章』の「鹿島詣」には、江戸川について、「此《この》川利根の枝流にして関宿ニて二ッに別れ、坂東太郎と申、三分の二は常陸へ落、三分の一は爰《ここ》に来《きた》り、市川行《ぎょう》徳《とく》を経て海に入」と記している。前項で利根川の改修工事の過程を見てきたように、関宿で利根川は銚子へ落ちる流路と江戸内海に落ちる流路に二分され、前者が改修後の利根川本流となり、後者が江戸川の流れとなる。

江戸川は、寛永十二年（一六三五）から開削工事をはじめ、十年あまりの歳月をかけ、正《しょう》保《ほう》三年（一六四六）に関宿から金杉《かなすぎ》に至る下総台地部分約二〇キロメートルを開削して新たな流路を完成させた。堤の補強など附帯工事を最終的に終えたのは明暦《めいれき》三年（一六五七）という。

しかし、寛永十二年（一六三五）からとされる開削工事は、近年の調査で二つの史料から寛永十七年（一六四〇）から工事が開始されたことがわかってきた。江戸時代から続く醤油《しょうゆ》醸造を生業《なりわい》とする茂木家に伝わる「茂木佐平治家文書」には、寛永十七年から工事をはじめ三年間で終えたとある。

もう一つの埼玉県春日部《かすかべ》市（北葛飾郡旧庄和町）に所在する小流寺《しょうりゅうじ》に残された「小流寺縁起」には、伊奈《いな》忠治《ただはる》が将軍家光に江戸川開削について意見を述べ、それが受け入れられて寛永十七年（一六四〇）に調査を行ない、近隣の農民を動員して工事をはじめたと記してあることから、現在では、寛永十二年（一六三五）ではなく寛永十七年から三年かけて工事を終えたと考えられている。

江戸川開削を計画した伊奈忠治は、「勘定方」として徳川将軍家に仕えた重臣で、忠治の父の忠次《ただつぐ》は家康に従い、堤防改修や新田開発などの力を発揮した人物で、忠治の死後、伊奈家は「関東郡代」を世襲する。現場で江戸川開削工事の指揮を執《と》ったのは、忠治の命を受けた伊奈家重臣の小島《こじま》庄右衛門正重《まさしげ》で、この正重が先の小流寺を正保三年（一六四六）に建立した人物である。

「江戸川」の誕生

実は開削された時は、まだ江戸川とは呼ばれてはいなかった。江戸川は、古くは「太日川《ふとひがわ》」あるいは「太井川《ふといがわ》」と呼ばれ、『新編武蔵風土記稿』では、『萬葉集註釈《まんようしゅうちゅうしゃく》（萬葉集抄）』と『吾妻鏡《あづまかがみ》（東鑑）』を引いて紹介している。

『萬葉集註釈』は『万葉集』の研究家で天台僧仙覺《せんがく》の手により文永《ぶんえい》六年（一二六九）に完成しており、『吾妻鏡』も鎌倉時代末期には完成していたとみられることから、おおよそ鎌倉時代には「太井川」という呼び方が存在していたことが確認できる。

では、その呼び方はいつ頃まで遡ることができるのであろうか。

『葛西志』にも記されているが、すでに平安時代後期の『更級日記《さらしなにっき》』にその名が登場する。『更級日記』は菅原孝標《すがわらたかすえ》の女《むすめ》が十三歳の寛仁《かんにん》四年（一〇二〇）から五十二歳の康平《こうへい》二年（一〇五九）までの出来事を晩年に綴《つづ》った回想録であり、上総《かずさ》国の任期を終えた孝標一行は帰洛の途中、寛仁四年九月十八日頃に「ふとゐ川」までたどり着いたことが記されている。

承和《じょうわ》二年（八三五）の太政官符に「下総国太日河」と記されているのが、史料から確認できる最も古い例とみられる。注目されるのは、「太日」と表記していることで、室町時代の初期に成立したとされる『義経記』にも、「太日、墨田打越えて」と記されている。「太井」とともに、「太日」とも書かれ、また呼ばれていたことがわかる。

では、いつ頃から江戸川と呼ばれるようになったのであろうか。『葛西志』では、「されど此江戸川といふ名は最近き此よりの唱とみえて、正保元禄《げんろく》改定の地圖《ちず》には、みな利根川としるせり」とあり、正保・元禄の改定図などには記されていない、新しい呼び方だと述べている。

史料的に江戸川の初見とされるのは、前項で紹介した明暦三年（一六五七）に書かれた「小流寺縁起」で、「江戸河」と見える最も古い史料といわれている。文禄《ぶんろく》三年（一五九四）に、会の川の一部を堤防で区切って利根川の流れが太日川に流れ込むようになったことから、太日川を利根川の一流ととらえるようになった。そして、一七〇〇年代以降には、幕府役人と名主の間の文書には、ほとんど「江戸川」と書かれるようになったといわれている。

伊奈忠次・忠治父子らによって、利根川の流れを徐々に東へシフトさせ、常陸川・鬼怒川筋に繋いで銚子から海に注ぐように利根川東遷事業が進められたことはすでに記してきたとおりである。

文禄三年（一五九四）に会の川締め切りによって太日川に利根川が流れ込み、慶長八年（一六〇三）の江戸幕府が開かれたのちに、太日川の流れが、そのまま江戸川として生まれ変わるのではなく、利根川東遷事業の過程で、関宿から野田辺りの丘陵部を開削して、新たな流路が完成した。いわゆる江戸川筋が整備されて以降、十七世紀中頃には「江戸川」という呼び方が史料上確認できる。

その後、北関東だけでなく、東北方面と航路が確保され、江戸川がそれらの地域と江戸とを結ぶ動脈として重要な位置を占めていくなかで、十八世紀になると「江戸川」という名称が一般化していく。そして、江戸の人々は「江戸川」という名称とともに、利根川東遷事業によって、利根川の水が江戸川筋にも落ちていることにより、「小利根川」「新利根川」、そして「坂東太郎」という通称も生まれ、主に文学作品などで用いられるようになっていくのである。

〈五〉小名木川・新川の整備

小名木川開削の定説を疑う

小名木川《おなぎがわ》は、江戸に入部した家康が、行徳《ぎょうとく》の塩を運ぶために開削した水路として一般的に定説化され、諸本で活字化されている。

『新編武蔵風土記稿』「巻之二十　葛飾郡之一　総説」によると、小名木川は慶長年間に通した川で、開削工事に関係した小名木四郎兵衛の名が川名となったと記してある。また同書には、『事跡合考《じせきがっこう》』（江戸後期の随筆）に詳細な日は不明であるが、家康が天正十八年（一五九〇）八月の江戸入部後に行徳の塩浜までの航路の整備を命じて整備されたもので、慶長よりも前に疎通《そつう》（運河を開通すること）しているとする。

小名木川の東に位置する新川《しんかわ》は、小名木川と同時に疎通した川で、寛永六年（一六二九）に新たに水路を掘ったので新川と称し、開削前の流れを古川と呼ぶという（図16）。

江戸の内海では、戦国期には製塩を行なっていたようで、行徳周辺では永禄三年（一五六〇）の船橋大神宮（千葉県船橋市）に伝わる古文書『万栄判物』内の「万栄寄進状」によると、現在の船橋市辺りにあった「西船橋九日市場」に「塩場」が確認できる。

また、連歌師宗長《そうちよう》の『東路《あずまじ》のつと』によると、永正《えいしよう》六年（一五〇九）に葛西の善養寺（江戸川区東小岩）に立ち寄った際、「此処《ここ》は炭薪などまれにして、芦《あし》を折りたき豆腐をやきて一盃をすすめしは、都の柳もいかでをよぶべからとぞ興に入侍《いりはべり》し」と書いている。葛西では薪《たきぎ》や炭が乏しく、葦を薪がわりにして豆腐を焼いて食べていたようだ。

低地では、森林が発達しないために薪など木材資源が乏しく、葦を燃料としているところが興味深い。それはともかく、豆腐を食べるという食習慣を考えると、豆腐を作るには豆腐を固めるニガリが必要であり、そのニガリを入手できる環境が善養寺周辺にはあったことになろう。ニガリの主成分は海水から取れる塩化マグネシウムであり、これも行徳周辺での製塩を傍証する材料となる。

行徳の塩については、たとえば『江戸名所図会』の「塩浜」の項に以下のように記されている。

（略）土人云く、この塩浜の権與はもつとも久しく、その始めを知らずといへり。しかるに天正十八年関東御入国の後、南総東金《とうがね》へ御遊猟の頃、この塩浜を見そなはれ、

行徳海岸付近で行なわれた塩づくり。絵の中には海水を煮詰める際に上がる煙が見える(『江戸名所図会』国立国会図書館蔵)

船橋御殿へ塩焼きの賤の男を召し、製作のことを具《つぶ》さに聞こし召され、御感悦のあまり御金若干《じゃっかん》を賜り、なほ末永く塩竈《しおがま》の煙絶えず営みて、天が下の宝とすべき旨欽命《むねきんめい》ありしより以来、寛永の頃までは、大樹《たいじゅ》東金御遊猟のみぎりは、御金など賜り、その後風浪の災ひありし頃も、修理を加えたまはるといへり。

とみえ、その後に「『事跡合考』に云く、「この地に塩を焼くことは、およそ一千有余年にあまれり」と。また同書に、天正十八年御入国の後、日あらずこの行徳の塩浜への航路を開かせらるる由みゆ。いまの小奈木川《おなぎがわ》これなり」とある。

小名木川の開削は、諸説を総合すると家康の

図16　小名木川の開削工事

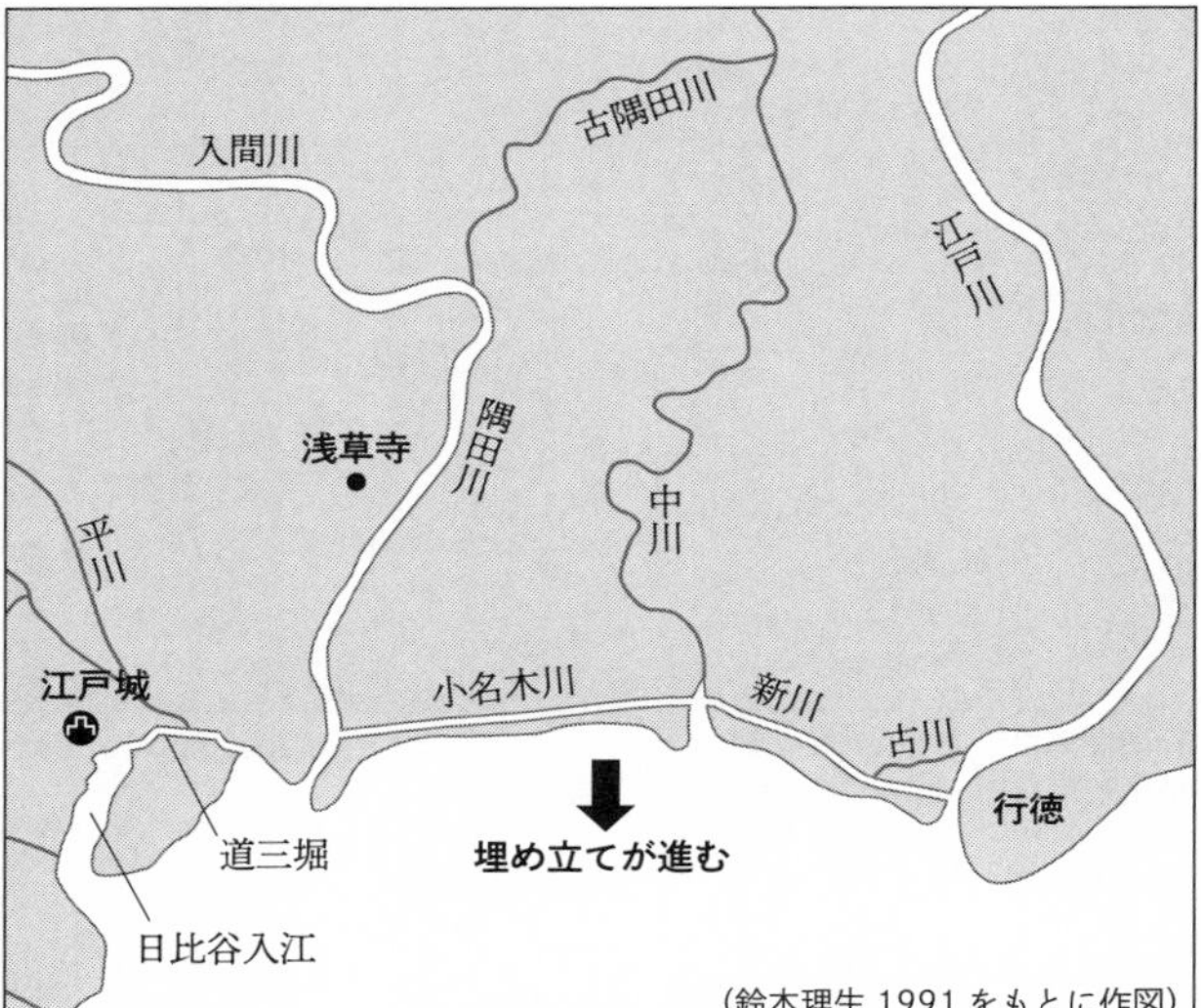

(鈴木理生 1991 をもとに作図)

江戸入部後から慶長期にかけての拡張整備されたものであると位置づけられよう。

ここで重要なのは、小名木川が整備されたことで、古川を通じて太日川（江戸川筋）と結ばれたことである。慶長期頃の江戸を中心とする河川改修などの動向を俯《ふ》瞰《かん》すると、江戸城周辺では道三堀《どうさんぼり》を開削して、江戸城や城下建設に物資を搬入する便路を整備しているが、小名木川・古川ラインが整備されたおかげで、道三堀から日本橋川、そして隅田川を介して、小名木川の整備によって、この時期にはまだ古利根川本流の流末である中川と結ばれ、さらに古川によって太日川と連絡する航路が確保されたのである。

そして、古川という名称が示すように整備された時は、小名木川と古川のルートだったが、寛永六年（一六二九）に新川を開削して新たな直線的なルートが完成したのである。

小名木川を行徳の塩を確保するための目的で整備したと古くからいわれてきたが、このように同時期の河川の改修事業を総合してみると、単に行徳の塩だけを目的としたものではなく、利根川東遷事業以前の古利根川やのちの江戸川という関東内陸部と江戸とを結ぶ航路の整備に主眼が置かれていたことは明らかであろう。そして、それは関東を統治し、江戸城と江戸の城下建設のためには必須であったのである。

小名木川と「正保国絵図」

小名木川の開削を行徳の塩確保の「塩の道」とする考え方に対しては、竹村公太郎氏も近年疑義を唱えている。竹村氏は、家康が江戸に入部した直後に、取るものも取りあえず建設した、海の水に影響されずに進軍するための軍事用高速水路「アウトバーン」だったと述べ、その目的は、北条氏の残党のいる関東を水路によって制圧するためだと指摘している。

以下、竹村氏の説を紹介しながら私見を述べてみたい。家康が江戸に入部した頃の関東平野は、広大な湿地帯で各地に小田原北条氏の残党が散在していた。家康は、江戸城周辺の道三堀などの水路網とともに、隅田川から中川までは、海岸線の干潟《ひがた》内側に小名木川という水路を掘り、中川から太日川は船堀川《ふなぼりがわ》（新川）を通って船で行き来することで江戸から千葉の海岸一帯を簡単に征することが可能となったという。

関東一円を水運で制覇するために家康は、その水路を航行する船の操作を北条氏の息のかかった地元の漁民には任せず、家康と馴染《なじ》みの深い大坂佃《つくだむら》村から漁民を江戸に連れてきて、水軍船の操縦をさせた。その漁民が住んだところが佃島だという。

当初は軍事目的だった小名木川だが、時の流れとともに、各地から江戸へ食料を運び込み、江戸からは下肥《しもごえ》を農村へ運び出すための、江戸の人々の生活を支えるインフラへと姿を変えていったと結んでいる。

果たしてそうなのだろうか。貝塚爽平氏によると、江戸の内海でも江戸周辺は、利根川、荒川、太日川（江戸川）、多摩川の上流部から運ばれる土砂で三角州が発達し、沖積化が著しい地域であり、そのため沖合一～二キロメートルは潮間帯（陸と海の境界部分）か、水深一～二メートルの遠浅が多かったという。

図17　正保国絵図（部分）

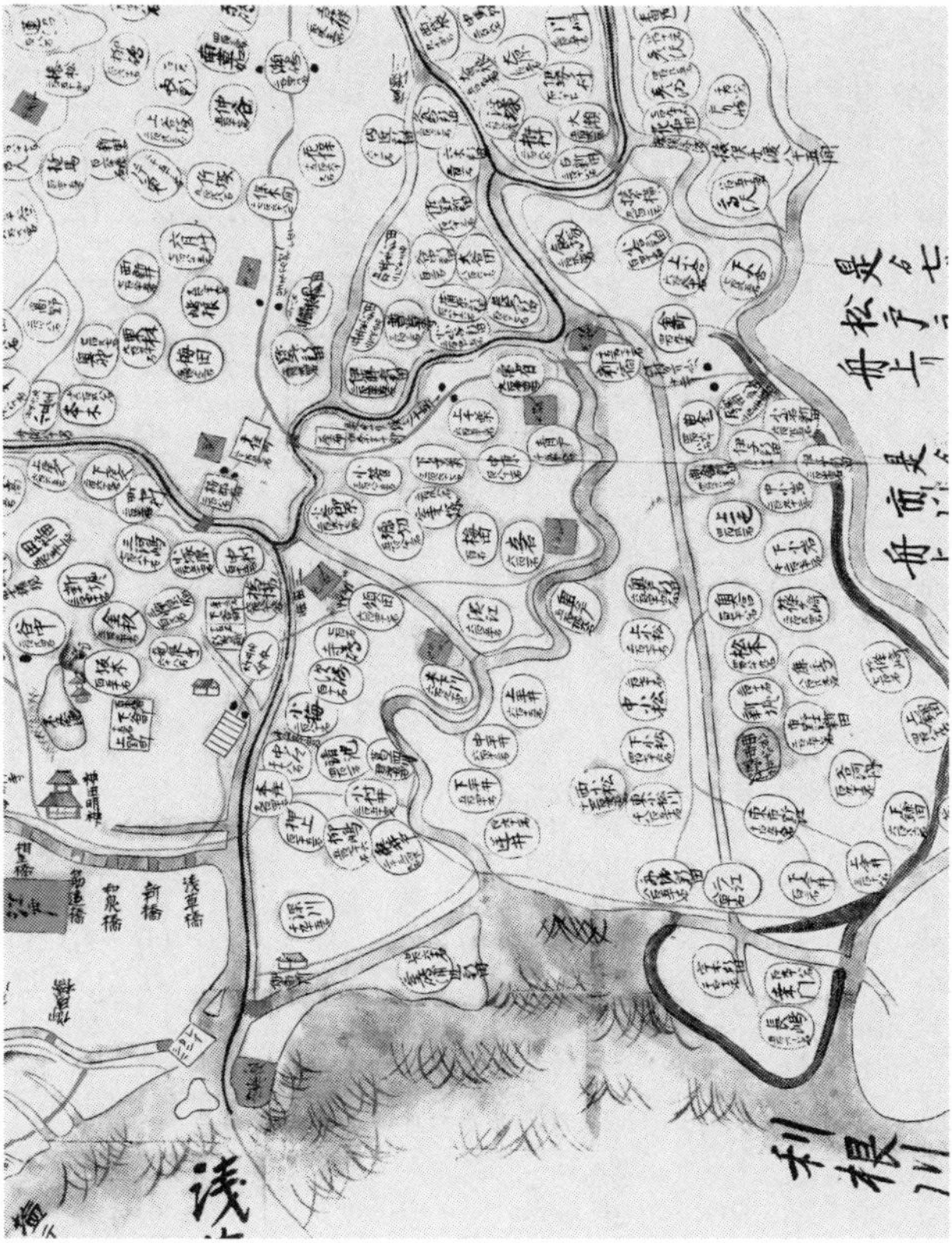

（国立公文書館蔵）

「正保国絵図」の武蔵国を見ると、隅田川河口から中川河口までは海岸線よりも小名木川が内側に位置していることがわかる（図17）。さらに中川河口から船堀までは海が入り込んでおり、すべて水路によらず、一部海岸に沿って海を横切り、古川を経て江戸川に通じている。この状況が寛永六年（一六二九）に新川が開削される前の小名木川から太日川と連絡する航路である。

太日川への航路確保は、先に記したように江戸と内陸、さらに太平洋とを結ぶ舟運が主目的であって、それは軍事的な緊張状況に陥れば、当然のことながら水軍の移動や軍事物資の供給など軍事面での重要さを増す。ことさら軍事を強調しなくとも、当時は軍事的なことも兼ね備えているのであって、時期的にも江戸城や城下の建設のために物資を運び込むことが最優先されたのではないだろうか。それを推し進めることが関東を統治することにもなったのである。

また、小名木川は当時の海岸線の内側の陸化が完全ではなく、開発もあまりされていないところを東西に貫くように開削したもので、その掘削土は小名木川沿岸に盛られ、造成工事を進展させたに違いない。寛永六年（一六二九）に新川が開削される頃には、中川河口から船堀は沖積化が進んだので、開削して水路を往く航路が整備されたものと考えている。

コラム4

天海は江戸を魔術で守ろうとしたのか？

アーバンプランナー★徳川家康

世間では、家康とともに近世江戸の都市建設を推進した人物として、南光坊天海《てんかい》を挙げる人もいる。天海は謎の多い人物で、明智《あけち》光秀《みつひで》と同一人物だという噂《うわさ》を耳にしたことがあろう。百歳を越える長寿であったともいう。江戸幕府創設期に政策のブレーンとして家康・秀忠《ひでただ》・家光《いえみつ》に仕えて活躍した。その死後、神となった家康の神名を「東《とう》照《しょう》大権現《だいごんげん》」と決定するなど、重要な役割を果たしている。

この天海が江戸の都市計画に深くかかわっているという説がある。その説を唱える建築評論家の宮元健次氏は、江戸は東に平川、西に東海道、北に富士山、南に江戸湾がある「四《し》神《じん》相応」の地であり、家康に幕府の本拠地としてふさわしいと天海が進言したという。ちなみに「四神相応」とは、地形的に、東に流水（青竜《せいりゅう》）、西に大道（白《びゃっ》

天海とは何者だったのか（『肖像』国立国会図書館蔵）

虎《こ》）、南に窪地《くぼち》（朱雀《すざく》）、北に丘陵（玄《げん》武《ぶ》）が備わる地勢をいう。さらに、北東方面（鬼門《きもん》）からの邪気の進入を防ぐ「鬼門封じ」として、天海は寛《かん》永寺《えいじ》を創建したとする。

しかし、「四神相応」や「鬼門封じ」をことさら天海に託さなくとも、為政者は本拠を構える上で当然考えて然《しか》るべき要件であった。

私は、「四神相応」や「鬼門封じ」云々《うんぬん》よりも、寛永寺の創建に注目したい。宮元氏は「鬼門封じ」としたが、それ以上の意味を持つ事業だったと思っている。

寛永《かんえい》二年（一六二五）、徳川秀忠の命により、上野の台地に天台宗寺院「東叡山《とうえいざん》寛永寺」が創建される。方位的にも「江戸の鎮護」の役割を有するが、寛永寺の山号が東の比叡山を意味し、京都の清水寺《きよみずでら》や琵琶湖《びわこ》を模した清水堂と不忍池《しのばずのいけ》、不忍池には竹《ちく》

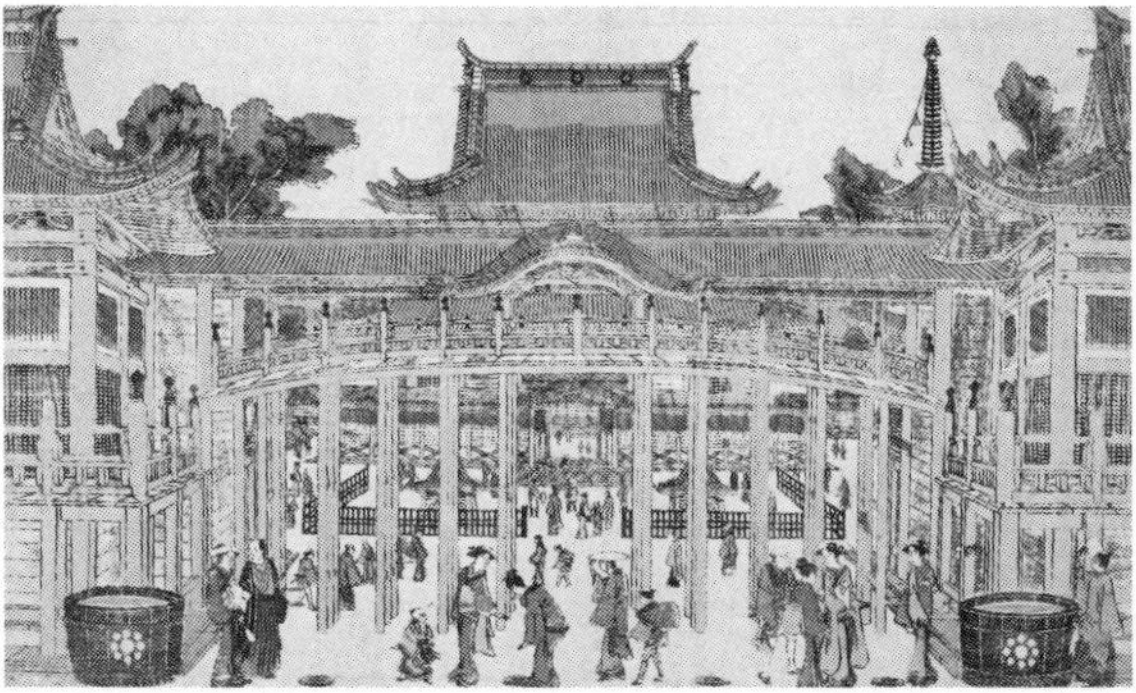
寛永寺の中心となった建物で、往時は現在の10倍の敷地だったという
(『浮絵　東叡山中堂之図』国立国会図書館蔵)

生島《ぶじま》になぞらえた弁天島が築かれている。まさに京都とそれを守護する比叡山延暦《えんりゃくじ》寺、さらに東方の琵琶湖というロケーションをトレースしているのである。

その意図するところは、江戸を政治・経済の中心地だけではなく、宗教的にも悠久の都であった京に負けぬようにと考えたのである。

天海の死後、寛永寺の貫主は生前から望んでいた法親王《ほっしんのう》(僧籍の皇族男子)が就任し、輪王寺《りんのうじの》宮《みや》と称され、東叡山・日光山・比叡山の三山を管掌する天台座主《ざす》を兼務した。つまり、天台宗の総本山としての地位を寛永寺が獲得し、その格式に見合うような宗教的景観を天海は整備したのである。

おわりに

本書では、家康が江戸入部後に行なう江戸城や城下の都市江戸の建設をめぐって、定説化されている点を再検討し、加えて従来あまり注目されず見過ごされている点にスポットをあて、私なりの考えを披歴《ひれき》した。

まず本章に入る前に、江戸城や城下がどのような地形のところに築かれたのかを明らかにするため、江戸・東京の地形の形成過程や、どのような特徴があるのかを提示している。特に、江戸前島《まえじま》と日比谷《ひびや》入江については一項を立てている。

なぜこのような導入部を設けたのかというと、江戸に入部した徳川家康は、ただやみくもに当時の最先端の技術を使い、力ずくで江戸城や城下の建設にあたったわけではない、そのように思ったからである。

たとえば、既存の小田原北条氏の江戸城の郭《くるわ》の再編成を行ない、縄張りを刷新し、城下は低地部の江戸前島と日比谷入江を中心に造成を行なっているが、家康は江戸城や城下の地形や、入部以前にその地形をどのように利用した開発がなされていたのかを把握した上で、開発の手順や手法を考えたであろう。よって、読者諸氏に本章を読んでいただく前に、その地形的環境と家康以前の江戸開発の状況を押さえておいてほしいという思いから、導入部を設けた。

定説の再検討としては、平川《ひらかわ》の付け替えは太田《おおた》道灌《どうかん》や家康が行なったものではなく、小田原北条氏によって行なわれたものとした。あわせて平川の旧流路と付け替え後の流路に注目して、従来、明確に提示されることはなかった太田道灌や小田原北条氏時代の江戸城の範囲を示してみた。

隅田川の付け替えも今まであまり注目されていないが、江戸の水害対策だけでなく、物資輸送のための舟運の整備や近世江戸城の東側の防御との関連を想定した。従来、小名木《おなぎ》川《がわ》や新川の整備の目的を行徳《ぎょうとく》の塩との関係だけで説《と》いているが、隅田川の付け替えや江戸川の開削も含め、上流部の利根川東遷事業と連動したプロジェクトとしてとらえ直す必要があるのではないだろうか。

そのように見ていくと、近世城郭の江戸城や近世都市江戸の建設にあたり、最も重要なエリアは低地部であった。そして、いかに河川を治め、利用するかが開発の重要なポイントだったと指摘することができる。

また、江戸湊《えどみなと》の位置および機能についても、従来の説を紹介しながら私見を述べた。そして、そのことと関連して、江戸の中心部はどこかという点についても触れている。日本橋架設後の南部、現在の中央区日本橋・京橋・銀座界隈《かいわい》（かつての江戸前島）の発展に目が奪われ、あたかも家康が江戸に入部した当初から江戸の中心的な地域だと思われている。

しかし、本書で指摘したように、常盤橋《ときわばし》から浅草橋を結ぶ「原本町通り」が通る微高地が、家康の江戸入部以前から江戸地域の中心エリアを構成しており、小田原北条氏時代にはそのコアとなるところが、大橋宿だと想定している。

家康江戸入部前の江戸のことについて興味を持たれた方は、一般財団法人日本地図センターが発行している『地図中心』に、筆者が平成二十七年（二〇一五）から「歴史舞台地図追跡　家康以前の江戸前島と日比谷入江」というテーマで連載しているので、ご参照いただければ幸いである。

本書で家康入部前後の江戸の姿とともに知ってもらいたかったのは、江戸城および近世都市江戸の開発の状況を考える時に、江戸入部から関ヶ原の戦いで勝利を収めるまでの家康と、征夷大将軍に任じられ武家の棟梁《とうりょう》となって江戸幕府を開いた家康。この二つの像を重ねては駄目だということである。

江戸入部から関ヶ原の戦いまでの十年余りの時期、家康は基本的に豊臣政権下に属し、秀吉亡き後は五大老の筆頭として執務していた。関ヶ原の戦いも翌年に断行される諸大名の除封・減封を伴う全国的大移封を行なうのも豊臣政権において秀吉の築いた全国支配のシステムをそのまま引き継いで、秀吉の代理として諸大名に号令している状況であった。

たとえば、小田原北条氏滅亡後、家康は有力大名として北条氏亡き後の関東に入ったが、この段階は、天下統一を仕上げようとする秀吉にとって、関東は奥羽《おうう》を控えた重要な地域であり、奥羽平定後の統治を考えた場合も同様であった。家康が豊臣政権下にあって、関東統治の本拠とした江戸は、豊臣政権の東国統治の要《かなめ》でもあり、豊臣政権の政治的意図によって行なわれたものなのである。

秀吉の死後も、基本的には秀吉の描いた全国支配の版図のなかに江戸は位置付けられていたということになろう。したがって、近世都市江戸の建設は、関東統治の本拠としてだけでなく、奥羽方面も視野に入れたものであったととらえるべきである。アーバンプランナー＝都市計画家としての家康は、まだこの段階は江戸を中心とした全国支配という構想のもとで江戸の都市開発を進めたわけではない。

だからと言って、家康の江戸入部後の開発は、秀吉や豊臣政権が指導したわけではない。家康なりの低地、武蔵野《むさしの》台地と谷地、河川、海が織りなす多様で複雑な地形環境を利用して、アーバンプランナーとしての采配《さいはい》が本書で取り上げたように随所に発揮された。

さらに征夷大将軍就任後、家康は日本橋を起点とした東海道・中山道《なかせんどう》・日光街道・奥州街道・甲州街道の整備を行なう。都城を起点とする古代から連綿と続いた陸上交通路を東国の江戸を起点にシフトさせるという、古代・中世の陸上交通体系を刷新するものであったことをもっと評価すべきであろう。

この五街道の整備は、それ以前の家康の江戸建設の基本構想に全国支配という新たなビジョンが加わったことを如実に示している。「すべての道は日本橋に通じる」ことによって江戸の求心性は大いに高まったのである。

このほか、家康の江戸入部以前の江戸や、その後の江戸の開発の状況について、まだ触れられなかったこともあるので、改めて稿を起こす機会を期したいと思っている。

家康は、慶長《けいちょう》十年（一六〇五）に将軍職を子の秀忠《ひでただ》に譲る。それ以前から家康は、京都滞在期間が長く、江戸の建設の基本構想を秀忠に示し、進行管理を託していたものと思われる。

元和《げんな》元年（一六一五）の大坂夏の陣で豊臣家が滅亡し、元和九年（一六二三）に秀忠は将軍職を家光《いえみつ》に譲り、豊臣家滅亡後の政権は徳川家が世襲することを世に示したことになる。江戸城の普請と城下の整備は、諸大名を動員して慶長・元和・寛永《かんえい》期に中断した時期もあるが断続的に行なわれ、外郭が整えられるなど空間的に巨大化していく。ハードの面だけでなく、武家《ぶけ》諸法度《しょはっと》の改正と参勤交代の制度化などが定められ、江戸が政治都市として確立したのは三代家光治世の寛永期のことである。その基礎を築いたのはまぎれもなく徳川家康であり、アーバンプランナーとしての家康の役割に注目したのが本書である。

平成三十年（二〇一八）から「よみうりカルチャー川口」と「新潮講座」で地形・地理を観察しながら歴史を重ね合わせた「江戸東京のまち歩き」を行なっているが、その実踏や受講者とのやり取りが本書執筆にも大いに参考になっている。主催者および受講者にも感謝申し上げたい。

※

本書執筆のきっかけは、『海の日本史　江戸湾』（洋泉社）でお世話になった編集プロダクション「フレッシュ・アップ・スタジオ」を主宰する渋川泰彦さんからのメールである。平成三十一年（二〇一九）一月に執筆の依頼があり、翌月に神田三崎町《みさきちょう》の蕎麦店で二人して焼酎を酌《く》み交《か》わしながら本書の構成について打ち合わせを行なった。十月には書き終え、校正作業を行なっていたが、暮れになって予定していた出版社での刊行が難しい状況になったという、お詫びの連絡をいただき校正作業は止まっていた。年が明け、渋川さんは刊行するべく、いくつかの出版社と調整を行なってくれていたのであるが、渋川さんからの朗報でなく、あろうことか訃報に接することになってしまった。

『海の日本史　江戸湾』では、取り上げる項目にあまり広がりを持たせられず、また深掘りすることができなかった。もう少し家康を中心に秀忠・家光三代にわたる江戸の開発について定説の再検討も含め書いてみたいと思い、筆を執《と》っていた。なんとか刊行したいと思うものの誰に頼ることもできず、時間ばかりが過ぎていった。

そんな矢先、令和二年（二〇二〇）十月にエムディエヌコーポレーションの松森敦史さんから新書での刊行のお誘いの手紙が届いた。どうやら松森さんは『海の日本史　江戸湾』の時に裏方で携わっていて、渋川さんとも親しい間柄だったので、渋川さんが進めていたこの本のもとになる原稿の件も知っていたらしい。洋泉社の担当だった足助明彦さんに私の連絡先を聞いて、お声がけしてくれたのである。ご縁をいただいた渋川さんと、埋もれてしまうところを発掘していただいた松森さん、そして繋いでくれた足助さんに心より感謝申し上げたい。

いざ本書刊行に向けて準備に入ると、書き直したい箇所ができ、基本的な構成は変えずに、各章ごとに手を入れることにした。自分で言うのもなんだが、以前のものより問題点を整理できたのではないかと思ってる。振り返ってみると、中断していた時間は、本書の熟成期間だったのかもしれない。

最後になったが、本書出版のきっかけをつくってくれた渋川泰彦さんのご冥福をお祈りし、筆を擱《お》きたい。

二〇二一年三月　東日本大震災から十年という節目に慰霊を込めて

谷口　榮

参考文献

朝倉治彦編訂『遊歴雑記』初編一・二　平凡社　一九八九
蘆田伊人『御府内備考』第一巻　雄山閣　一九五八
蘆田伊人『新編武蔵風土記稿』第一・二巻　雄山閣　一九五七
石川智・鈴木毅彦・中山俊雄・鹿島薫「東京都千代田区日比谷公園と江東区新砂における珪藻化石による完新世の古環境復元」『地学雑誌』一一八―二　東京地学協会　二〇〇九
伊藤好一『江戸上水道の歴史』吉川弘文館　一九九六
市村高男「中世東国における内海水運と品川湊」『品川歴史館紀要』第一〇号　品川区立品川歴史館　一九九五
江戸遺跡研究会編『図説　江戸考古学研究事典』柏書房　二〇〇一
大熊孝『利根川治水の変遷と水害』東京大学出版会　一九九七
小澤弘・丸山伸彦編『図説　江戸図屏風をよむ』河出書房新社　一九九三
貝塚爽平『増補第二版　東京の自然史』紀伊國屋書店　一九八七（九刷）
葛飾区郷土と天文の博物館『東京低地の中世を考える』名著出版　一九九五
葛飾区郷土と天文の博物館編『葛西城と古河公方足利義氏』雄山閣　二〇一〇
加藤貴「第三編　第三章　第一節　明暦の大火と千代田区域」『新編　千代田区史　通史編』千代田区　一九九八

金子光晴校訂『武江年表』上　平凡社　一九九二（十八刷）
菊池山哉『沈み行く東京』上田泰文堂　一九三五
菊池山哉 『五百年前の東京』批評社 一九九二(復刻版)
久保純子（分担執筆）『日本の地形4　関東・伊豆小笠原』東京大学出版会　二〇〇〇
栗原良輔『利根川治水史』崙書房　一九八八（再版）
黒田日出男『江戸図屏風の謎を解く』角川学芸出版　二〇一〇
黒田基樹『戦国大名　政策・統治・戦争』平凡社　二〇一四
後藤宏樹『江戸城の考古学』千代田区教育委員会　二〇〇一
齋藤慎一『中世東国の道と城館』東京大学出版　二〇一〇
水藤真・加藤貴『江戸図屏風を読む』東京堂出版　二〇〇〇
続群書類従完成会編『史籍雑纂　當代記・駿府記』続群書類従完成会　一九九五
鈴木理生『江戸と江戸城』新人物往来社　一九七五
鈴木理生『江戸と城下町』新人物往来社　一九七六
鈴木理生『幻の江戸百年』筑摩書房　一九九一
鈴木理生編『図説　江戸・東京の川と水辺の事典』柏書房　二〇〇三
竹内理三編『増補續史料大成第十九巻　家忠日記』臨川書店　一九九三（四刷）
谷口榮「第三章　中世の江戸湾内海」「第四章　江戸の開発と江戸湾」『海の日本史　江戸湾』洋泉社　二〇一八

谷口榮『増補改訂版　江戸東京の下町と考古学　地域考古学のすすめ』雄山閣　二〇一九
谷口榮『東京下町の開発と景観』古代編　雄山閣　二〇一八
谷口榮『東京下町の開発と景観』中世編　雄山閣　二〇一八
玉井哲雄『江戸　失われた都市空間を読む』平凡社　一九八六
千代田区東京駅八重洲北口遺跡調査会『東京駅八重洲北口遺跡』森トラスト株式会社・千代田区東京駅八重洲北口遺跡調査会　二〇〇三
柘植信行「中世品川の信仰空間―東国における都市寺院の形成と展開―」『品川歴史館紀要』第六号　品川区立品川歴史館　一九九一
中丸和伯校注『江戸史料叢書　慶長見聞集』新人物往来社　一九六九
西下経一校注『更級日記』岩波書店　一九九二（六十刷）
西脇康・平賀明彦・鬼塚博編『新編　千代田区史』通史資料編　千代田区　一九九八
三島政行『葛西志』国書刊行会　一九七一
芳賀ひらく『古地図で読み解く　江戸東京の地形の謎』二見書房　二〇一三
萩原龍夫・水江漣子校注『江戸史料叢書　落穂集』人物往来社　一九六七
花屋久次郎『鹿島詣文章』一八〇〇
樋口淳司「江戸川の名称変遷について」『論集　江戸川』「論集江戸川」編集委員会　二〇〇六
平田博之・檜山智編『有楽町一丁目遺跡』三井不動産株式会社・株式会社ムサシ文化財研究所　二〇一五

松田磐余『対話で学ぶ　江戸東京・横浜の地形』之潮　二〇一三
村井益男『江戸城』　中央公論社　一九七三（二十六版）
村上直次郎訳注『異国叢書　ドン・ロドリゴ日本見聞録　ビスカイノ金銀島探検報告』雄松堂　一九六六（改訂復刻版）

なお、文中の『吾妻鏡』『鎌倉大草紙』『義経記』『とはずがたり』『東路のつと』『松陰私語』「江戸城静勝軒銘詩序並江亭記等写」「梅花無尽蔵」は、北区史編纂調査会編『北区史』資料編古代中世2（北区　一九九五）を参照した。
ほかにも多くの文献・史料、パンフレット、ホームページを参考にさせていただきました。

謝辞
以下の方々や機関からご教示やご協力を賜った。記して感謝申し上げたい（敬称略）。
今津裕　上田恭弘　小林政能　樋口州男
国立公文書館　国立国会図書館　国立歴史民俗博物館　東京都教育委員会　東京都立中央図書館
千代田区教育委員会　千葉県御宿町産業観光課　宮城県観光課　東京大学史料編纂所
法政大学江戸東京研究センター　一般財団法人日本地図センター　公益財団法人東洋文庫

MdN新書
021

都市計画家《アーバンプランナー》 徳川家康《とくがわいえやす》

2021年4月11日 初版第1刷発行

著 者 谷口《たにぐち》 榮《さかえ》
発行人 山口康夫
発 行 株式会社エムディエヌコーポレーション
〒101-0051 東京都千代田区神田神保町一丁目105番地
https://books.MdN.co.jp/
発 売 株式会社インプレス
〒101-0051 東京都千代田区神田神保町一丁目105番地
装丁者 前橋隆道
DTP アルファヴィル
写真提供 PIXTA
印刷・製本 中央精版印刷株式会社

カスタマーセンター
万一、落丁・乱丁などがございましたら、送料小社負担にてお取り替えいたします。
お手数ですが、カスタマーセンターまでご返送ください。

落丁・乱丁本などのご返送先
〒101-0051 東京都千代田区神田神保町一丁目105番地
株式会社エムディエヌコーポレーション カスタマーセンター TEL：03-4334-2915

書店・販売店のご注文受付
株式会社インプレス 受注センター TEL：048-449-8040 ／ FAX：048-449-8041

内容に関するお問い合わせ先
株式会社エムディエヌコーポレーション カスタマーセンターメール窓口 info@MdN.co.jp
本書の内容に関するご質問は、Eメールのみの受付となります。メールの件名は
「都市計画家 徳川家康 質問係」としてください。電話やFAX、郵便でのご質問にはお答えできません。

Senior Editor 木村健一 Editor 松森敦史

ISBN978-4-295-20126-7 C0221